DIE WASSERKRAFTNUTZUNG IN ÖSTERREICH

UND DEREN GEOGRAPHISCHE GRUNDLAGEN

VON

BARTEL GRANIGG

LEOBEN

MIT 17 ABBILDUNGEN IM TEXT, 4 ZUM TEIL FARBIGEN TAFELN
UND 1 GEOGRAPHISCHEN ÜBERSICHTSKARTE

SPRINGER-VERLAG WIEN GMBH

1925

ISBN 978-3-662-27382-1   ISBN 978-3-662-28869-6 (eBook)
DOI 10.1007/978-3-662-28869-6

Additional material to this book can be downloaded from http://extras.springer.com

Inhaltsverzeichnis.

I. Einleitung.

Eine Untersuchung der Fragen: was die Natur in Österreich an Wasserkraftnutzungs-möglichkeiten darbietet, wie sie diese Möglichkeiten darbietet, und was der Mensch bisher daraus gemacht hat, zeigt zunächst dieselbe Erscheinung, die Technik und Wirtschaft in allen Ländern aufzeigen. Zuerst wird „drauflos-gewirtschaftet" als wäre der Gegenstand der Wirtschaft, Wasser und Gefälle, Eisenerz, Kohle, Erdöl usw. in unbegrenzten Mengen vorhanden. Die Genugtuung „daß es geht", daß der Hochofen Eisen gibt, auch wenn die Schlacken noch 30% und mehr des Metalles enthalten und der Holzkohlenverbrauch ein Vielfaches der erzeugten Eisengewichtsmenge ausmacht, daß sich das Mühlenrad dreht und „Kraft" an seiner Welle abgezapft werden kann — auch wenn viel Wasser ungenutzt „daneben" rinnt usw ; diese Genugtuung über den erzielten Erfolg der Bezwingung einer Naturkraft, der Ausnutzung und Verwertung eines Natur-stoffes, erzeugt eine Befriedigung und Sättigung, eine Selbstzufriedenheit, die in Technik und Wirtschaft oft erstaunlich lange anhält. Erst die Not, geboren aus dem wirtschaft-lichen Konkurrenzkampf und noch mehr aus Produktionskrisen, infolge wirtschaftlicher Isolierung (Krieg), oder das Bestreben der Erweiterung der wirtschaftlichen Unabhängig-keit u. dgl., veranlassen in der Regel erst eine kritische Betrachtung des Prozesses, den man benutzt, und die Erkenntnis, daß die Schätze der Erde oder eines Landes nicht in unbegrenzten Mengen vorhanden sind, regen dazu an, die bestehende Praxis der Technik und Wirtschaft skeptisch zu betrachten und die Frage aufzuwerfen: wie groß ist der tatsächliche Nutzeffekt des betreffenden Prozesses, wie viel des aufgewendeten Stoffes, der aufgewendeten Energie geht bei diesem Prozeß vom Standpunkt der menschlichen Nutzung aus verloren? Dieser Augenblick erst macht den Prozeß reif für seine Durch-geistigung und für seine planmäßige Bewirtschaftung. In der Wasserkraftnutzung ist eine planmäßige Bewirtschaftung des Naturgutes noch keineswegs Erkenntnisgut aller Länder, und dort, wo sie besteht, währt sie noch kein Menschenalter.

Die Auffassung, daß eine Wasserkraft erst „entdeckt" werden müsse, wurde erst durch die systematische Gewässeruntersuchung in den führenden Ländern der Technik zerstört. (Wasserkraftkataster der Länder, Arbeiten der hydrographischen Zentral-stellen, Stromverbände [Schweiz] usw.) Die mit Wasser betriebenen Hausmühlen, als die älteste Form der Wasserkraftnutzung, die Sägewerke, die Eisenhämmer und Zeug-schmieden, die Triebwerke des Bergbaues, die Gebläseantriebe der Eisenindustrie, die Antriebe der Textilmaschinen wurden bei der Einrichtung ihres Antriebes nicht von wasserwirtschaftlichen Erwägungen beeinflußt. Günstige Ortslage und billige Ausbau-kosten waren schon deshalb die einzigen Argumente bei der Auswahl einer Wasserkraft, weil Erzeugungs- und Verbrauchsstelle der Energie örtlich zusammenfallen mußten und weil sich die Technik des Wasserbaues und des Maschinenbaues an Probleme, wie sie moderne Hochdruckanlagen im Gebirge mit mehreren hundert Metern Gefälle (Spullers 800 *m*, Fully 1638 *m*) oder Anlagen an großen Flüssen des Flachlandes stellen, nicht heranwagen konnte.

So schnitt man aus einem gerade günstig gelegenen Fluß- oder Bachlauf an Gefälle und an Wassermenge das heraus, was man gerade zu benötigen vermeinte. Mit der

Einführung der Starkstromtechnik in den Achtzigerjahren des vergangenen Jahrhunderts war jedoch der Keim zu einer Entwicklung gegeben, die immer mehr zur Erkenntnis der Wichtigkeit einer planmäßigen Bewirtschaftung der Wasserkräfte führen mußte, umsomehr, als immer klarer erkannt wurde, daß eine Wasserkraft vom terrestrischen Standpunkt aus betrachtet, ein von der Sonne angetriebenes Perpetuum

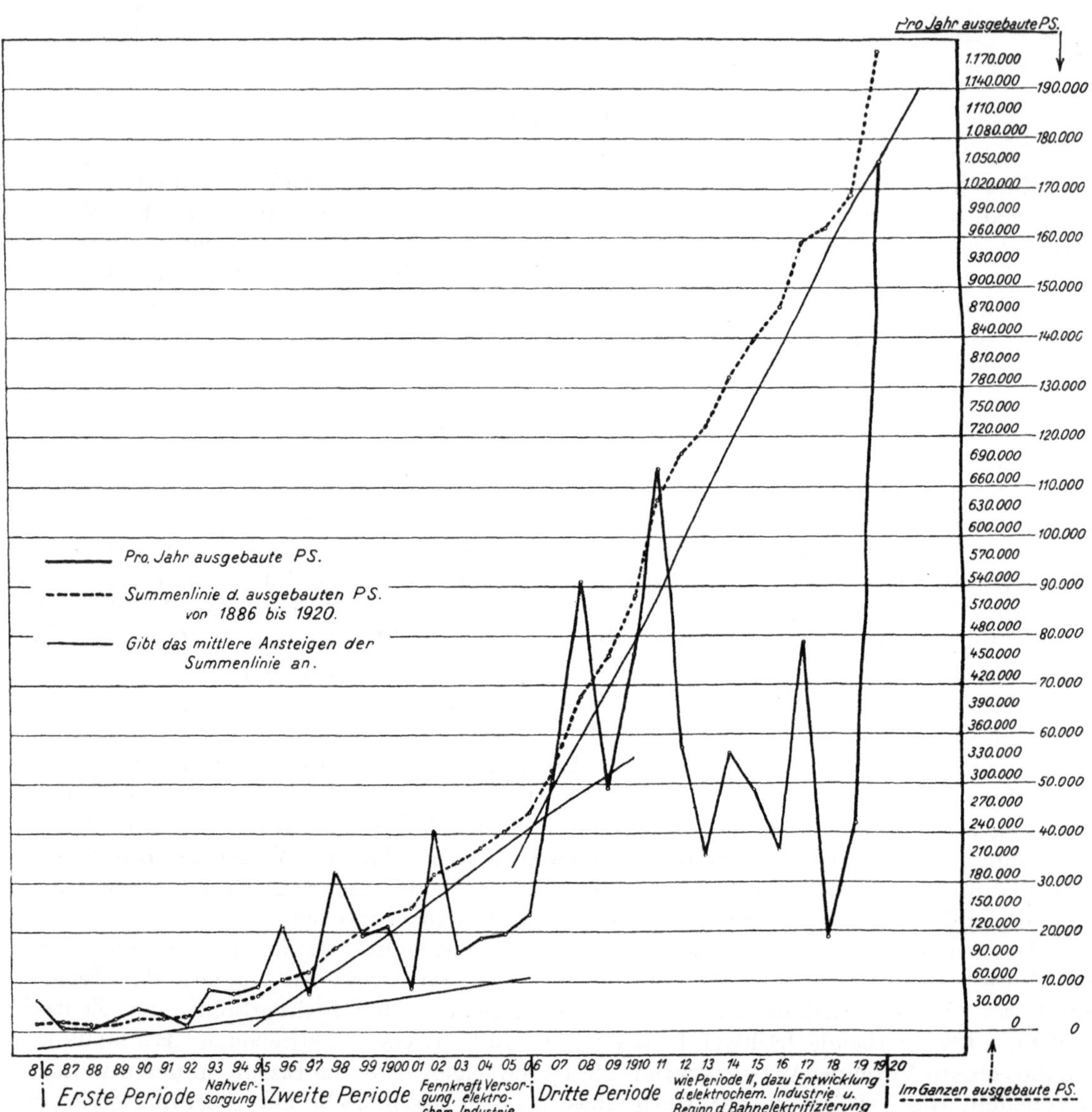

Abb. 1. Entwicklung der Wasserkraftnutzung in der Schweiz von 1886 bis einschließlich 1920.

mobile bedeutet, dessen Herstellung allerdings etwas kostspielig ist, daß aber andererseits eine Wasserkraft auch weitgehend die Merkmale eines natürlichen Monopols an sich trägt.

Betrachtet man die Entwicklung der Wasserkraftnutzung an dem Beispiele der Schweiz (welches Beispiel sich deshalb so besonders gut eignet, weil hier einerseits ein nahezu absoluter Kohlenmangel im Inlande, bei reichlich vorhandenen Wasserkräften vorliegt, anderseits sehr fleißige, technisch seit jeher hervorragend gebildete Ingenieure und Unternehmer sich anstrengen, den Bedürfnissen der inländischen Industrie nach

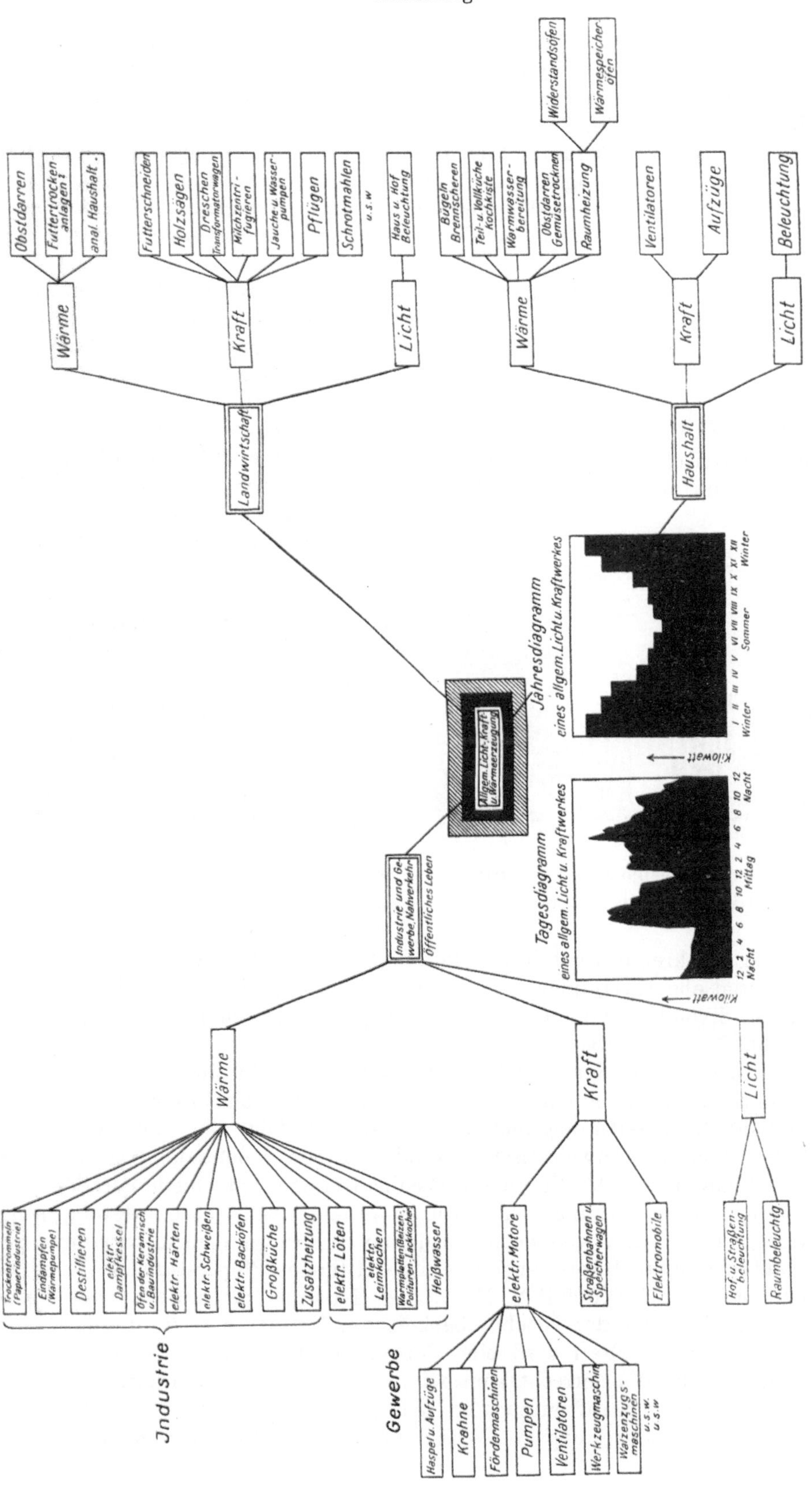

Abb. 2. Anwendungsgebiete der Elektrizität. Allgemeine Licht- und Kraftwerke.

Kraft, den Bedürfnissen der Städte und Dörfer nach Kraft und Licht gerecht zu werden, und eine arbeitsame, nüchtern denkende Bevölkerung mit ausgezeichnetem Unterrichtswesen gute Arbeitskräfte in reichlichem Maße zur Verfügung stellt), so ergibt sich folgendes lehrreiche Bild (Abb. 1):

In der Zeit zwischen den Jahren 1886 und 1896 entstehen Anlagen kleineren Umfanges, welche der Energiebefriedigung einzelner Industrien dienen und örtlich eng umschriebene Gebiete mit Strom für Licht und gewerbliche Zwecke versorgen. Es kommen jährlich 2000 bis 8000 P. S. zum Ausbau, bei deutlich ansteigender Tendenz der Wasserkraftnutzung.

Es fällt in den ersten Abschnitt dieser Periode das Ringen zwischen Gleichstrom und Drehstrom um die Vormachtstellung in der Technik, ein Kampf, der mit den Namen Werner v. Siemens und Emil Rathenau für immer verknüpft bleiben wird.

Zwischen 1896 und 1906 sehen wir ein steiles Ansteigen der Jahressummenlinie an ausgebauten Pferdestärken. Die jährlich vollendeten Kraftanlagen schwanken zwischen 8000 und 40.000 P. S. Vor allem war es die viel beargwöhnte und doch gelungene Fernübertragung elektrischer Energie (durchgeführt im Jahre 1893 zwischen Lauffen am Neckar und Frankfurt am Main, 183 *km*, anläßlich der Weltausstellung in Frankfurt am Main, August 1893), welche den bedeutsamen Beweis erbrachte, daß der Ort der elektrischen Energieerzeugung vom Ort des Verbrauches räumlich in weitgehendem Maße unabhängig ist.

Die Möglichkeit der Schaffung von Überlandzentralen war damit erst gegeben, ihrer Erfüllung ist das steile Ansteigen der Summenlinie in dieser zweiten Periode zuzuschreiben. Noch steiler steigt die Summenlinie für die Zeit von 1906 bis 1916 an. Die allgemeine Licht- und Kraftversorgung ergreift immer weitere Gebiete, dazu aber kommen, erfunden schon in den Neunzigerjahren des vorigen Jahrhunderts, in der Auswirkung aber

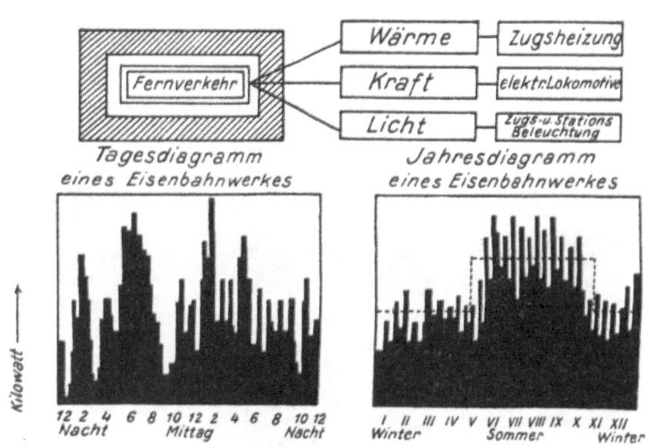

Abb. 3. Anwendungsgebiete der Elektrizität. Elektrische Fernbahnwerke.

doch erst einige Jahre später fühlbar, die elektrochemischen Prozesse, an ihrer Spitze die elektrothermische Karbiddarstellung, die elektrolytische Aluminiumerzeugung mit ihren enormen Strombedürfnissen und alle übrigen elektrochemischen Prozesse. (Siehe Tafel IV, Abb. 25 a und 25 b.)

Der dritte Abschnitt, der im nebenstehenden Schaubild ein noch steileres Ansteigen der Jahressummenlinie erkennen läßt (mit jährlich 18.000 bis 175.000 P. S.) steht, neben der Ausdehnung der bereits eingelebten Anwendungsgebiete der Elektrizität, im Zeichen der Elektrifizierung der schweizerischen Bundesbahnen, welche den Streit um die Stromart schließlich zugunsten des Einphasen-Wechselstromes entschieden haben.

Mögen nun die Schätzungen über die in einem Lande vorhandenen, noch ausbaufähigen Wasserkräfte auch weitgehend subjektiven Erwägungen unterworfen sein, eines steht klar auf: Wenn ein Land nur über einige Millionen Pferdestärken Wasserkraft verfügt — und pro Jahr 180.000 P. S. (1922) der Nutzung neu unterworfen werden — so drängt sich der Gedanke der Erschöpfbarkeit der Vorräte dem Beobachter eindringlich auf, der planmäßige Ausbau wird eine Forderung des Tages, er muß bei jeder Entscheidung über eine Wasserrechtskonzession berücksichtigt werden. In dieser raschen Entwicklung der Wasserkraftnutzung in der Schweiz ist wohl in erster Linie die Ursache für die frühe Entstehung von Wasserwirtschaftsplänen für ganze Flußgebiete, in der Schweiz, zu suchen.

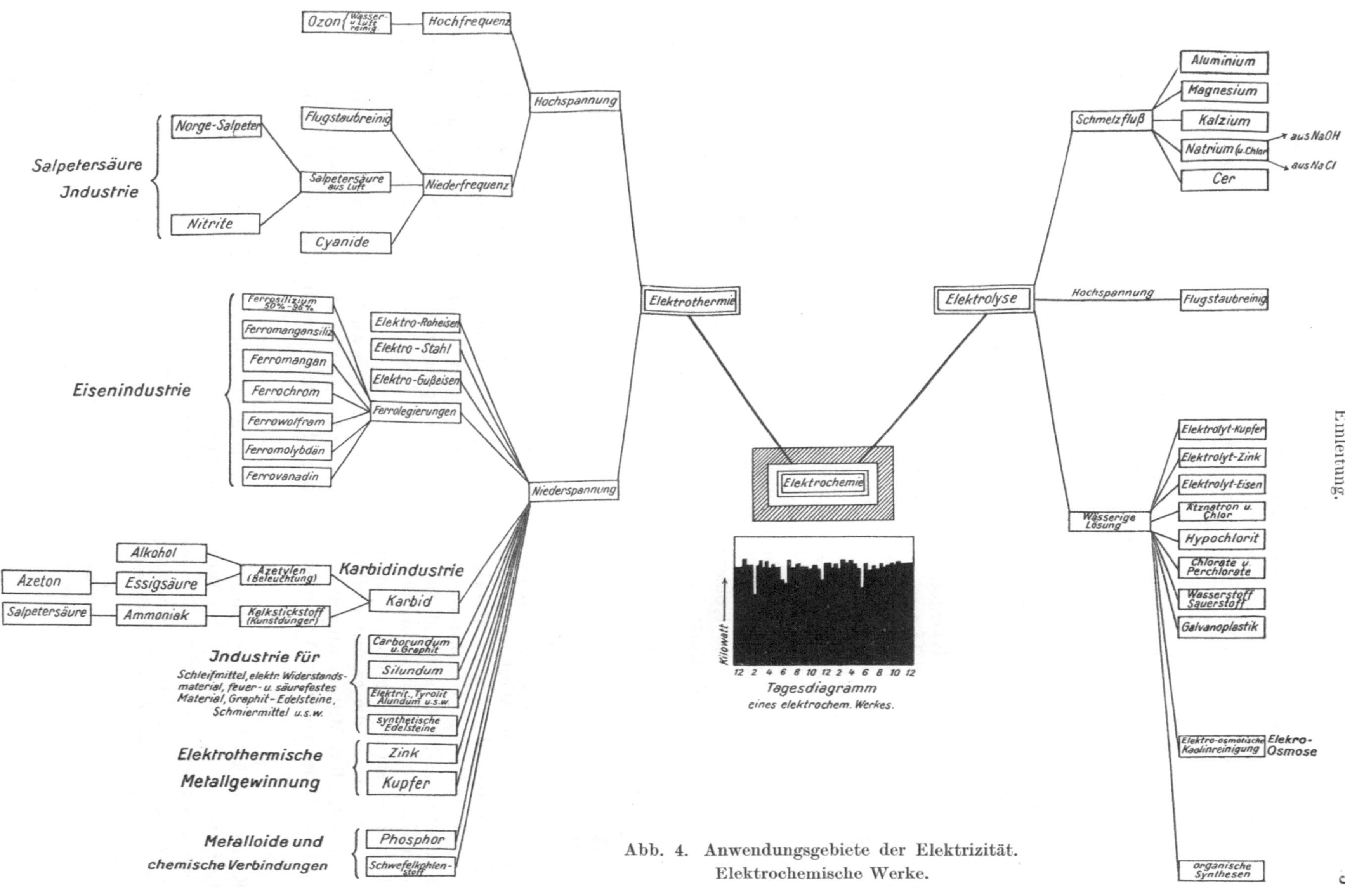

Abb. 4. Anwendungsgebiete der Elektrizität. Elektrochemische Werke.

Die Entwicklung der Wasserkraftnutzung Österreichs zeigt in der gleichen Zeit von 1886 bis 1918 ein wesentlich anderes Bild. Trotz des großen Scharfsinnes und der oft temperamentvollen Wärme, mit der von einzelnen Technikern (so besonders von dem viel zu früh verstorbenen Dr.-Ing. Walter Konrad u. a.) für den Ausbau von Wasserkräften eingetreten, und zum Ringen der „Wasserländer" kontra „Kohlenländer", der „weißen" gegen die „schwarze" Kohle aufgefordert wird, bleibt der Einfluß der Kohle auf die Energiebeschaffung in Österreich siegreich. Der politische Einfluß der kohleproduzierenden Länder der Monarchie, die eine Beeinträchtigung ihres Marktes befürchten zu müssen glaubten, die geringeren Erstellungskosten und die kürzere Bauzeit einer kalorischen Anlage gegenüber einer Wasserkraftanlage gleicher Leistung, und damit eine anfängliche Erleichterung der Investitionssumme, die Möglichkeit der allmählichen, schrittweisen Erweiterung einer kalorischen Anlage, die bei einer Wasserkraftanlage, wenigstens soweit der wasserbautechnische Teil in Frage kommt, keineswegs in gleichem Maße gegeben ist, waren einige der Hauptmomente, welche die Entscheidung zugunsten der Kohle beeinflußten.

Die Kohlennot des Krieges, welche zum ersten Male das Problem der Energiewirtschaft in seinem ganzen Umfange zum Aufrollen brachte, löste einerseits eine intensive Beschäftigung weiter Kreise mit der „Wärmewirtschaft" aus, sie rückte aber auch die Vorteile in helles Licht, die eine weitentwickelte Wasserkraftnutzung der Kriegswirtschaft gebracht hätte.

In noch deutlicheren Umrissen ließ die Zeit unmittelbar nach dem Kriege den Wert einer weitgehenden Wasserkraftnutzung erkennen. Der Friedensvertrag erzeugte ein Österreich, das in Bezug auf die Energiequellen viel Ähnlichkeit mit der Schweiz besitzt, jedoch mit dem Unterschiede, daß die österreichische Energiewirtschaft fast ausschließlich auf nunmehr ausländische Kohlenzufuhren eingestellt war, und daß dieses Neuausland die Kohlenlieferungen weitgehend verweigerte. Trotz eines unerhörten Warenhungers, trotz der Überhäufung der Industrie mit Aufträgen, konnte die Industrie nur mit einigen Prozenten ihrer Kapazität arbeiten, weil die Kohle (viel mehr als andere Rohstoffe) fehlte. Von der Drosselung und teilweisen Einstellung des Eisenbahnverkehrs, von der Drosselung der Arbeitsmöglichkeit in Bureau und Haus, in Schule und Unterricht, im öffentlichen Leben gar nicht zu reden.

Die Tatsache, daß wirtschaftliche Abhängigkeit auch politische Abhängigkeit im Gefolge hat, kam im gequälten und geplagten Österreich von 1919, 1920 trotz aller sittlich hohen Reden vom Wert und von der Notwendigkeit der internationalen Arbeitsteilung übel zur Auswirkung. Nur die wenigen, auf Wasserkraftanlagen eingestellten Industrien, Provinzstädte und Überlandsbezirke konnten, soweit sie nicht auch vom allgemeinen Niederbruch der österreichischen Wirtschaft mitgerissen wurden, die erste Zeit nach dem Kriege mit einem geringeren Maß von Leiden überleben und die durch den Warenhunger gegebene Konjunktur ausnützen.

Diese Lage, die es unter allen Umständen zu überwinden galt, und deren Wiederkehr mit allen Mitteln abgewehrt werden mußte, schuf erst die Voraussetzung dafür, daß die Bedeutung der Wasserkraftnutzung allgemein erkannt wurde, daß neben der rein „kaufmännischen" Rechnung nach den „Gestehungskosten der Kilowattstunde" auch die imponderabilen Größen der Betriebssicherheit, der Gewährleistung der Kontinuität des Betriebes, der Kontinuität im Verkehr, im öffentlichen Leben, der Kontinuität des Wirtschaftslebens in ernste, vielleicht ausschlaggebende Erwägung gezogen wurden, und daß Betrachtungen über den Einfluß der Wasserkraftnutzung auf die politische Handlungsfreiheit und auf die Handelsbilanz nicht mehr als überflüssige Spekulationen angesehen, sondern im höchsten Grade ernst genommen wurden.

So erscheint es denn auch von dieser Betrachtungsart aus natürlich, daß in erster Linie öffentliche Gebietskörperschaften, Städte, Länder und der Bund (letzterer für die

Eisenbahnen) anregend und führend in die Entwicklung der Wasserkraftnutzung eingegriffen haben, abgesehen davon, daß die sozialpolitische Entwicklung eine Atmosphäre schuf, die dem Absolutismus in der Privatindustrie und auch der Entfaltung der privaten Initiative ungünstig gestimmt war. Ähnlich wie in Bayern entstehen auch in Österreich in den einzelnen Bundesländern Aktiengesellschaften (Oweag, Wag, Newag, Steweag, Käwag, Tiwag, Salzburger Landes El.-A. G., Vorarlberger Landes El.-A. G.), welche den planmäßigen Ausbau von Wasserkräften zunächst zur Deckung des Allgemeinbedarfes an Licht und Kraft sich zur Aufgabe machen, und in denen der Einfluß öffentlicher Gebietskörperschaften ausschlaggebend ist (siehe vorletztes Kapitel). Wenn es auch im Vergleich zur Schweiz viel nachzuholen gab, so hat anderseits die in den Jahren 1919, 1920 usw. plötzlich einsetzende intensive Inangriffnahme von Wasserkraftbauten den technisch-wirtschaftlichen Vorteil jedes ,,späten Erlebens‘‘, daß sie vom Beispiel des Vorläufers lernt und mit einem reiferen Stadium der Energiewirtschaft beginnen kann, eine Erscheinung, die in Österreich darin zum Ausdruck kam, daß die Frage nach der Speicherfähigkeit der Energie, nach Speichermöglichkeiten, nach dem hydraulischen und nicht nach dem kalorischen Energieausgleich, sofort in den Mittelpunkt wasserwirtschaftlicher Erwägungen gerückt worden ist, wodurch wasserwirtschaftlich ungünstige Lösungen (Raubbau) immer unwahrscheinlicher werden. In Ziffern ausgedrückt, stellt sich diese Entwicklung der österreichischen Wasserwirtschaft wie folgt dar:

Im Jahre 1914 sind im heutigen Österreich in Großkraftanlagen von über 500 P. S. installierter Leistung 210.710 P. S. ausgebaut.

Im Jahre 1924 wird sich diese Ziffer auf rund 450.000 P. S. erhöhen.

Entsprechend dem derzeit hohen Entwicklungsstand der Wasserkraftnutzung in Österreich sind auch Erörterungen rein wasserwirtschaftlichen Inhaltes recht häufig. Im folgenden wird versucht, teils bekannte und erörterte, teils bisher noch nicht besprochene Zusammenhänge zwischen geologisch-geographischen Erscheinungen im Gebiete des heutigen Österreich und zwischen Wasserkraftnutzung aufzuzeigen.

Ist die an der Turbinenwelle gewinnbare Energie durch den Ausdruck $N = 10\,Q\,H\,\dfrac{\eta}{75}$ charakterisiert, so fällt für diese Betrachtungen zunächst der Faktor $\dfrac{\eta}{75}$ (gleich etwa 1·1) fort, der den Turbinenbauer angeht. Da 10 als konstante Zahl ebenfalls wegfällt, bleibt nur Q die sekundliche Wassermenge in Kubikmetern eines in Betracht zu ziehenden Flusses und das Gefälle H in Metern, beide ein Produkt der Landschaft, zu diskutieren.

II. Die sekundlichen Abflußmengen der Flüsse.

Die theoretische Forderung einer hochentwickelten Technik müßte lauten:

Alles abfließende Wasser soll arbeiten, kein Kubikmeter soll ungenützt über das Wehr gehen.

Eine Untersuchung über die Erfüllungsmöglichkeit dieser ideellen Forderung führt über folgende Erwägungen:

Die sekundlich abfließende Wassermenge der österreichischen Flüsse ist weitestgehenden Schwankungen innerhalb eines Jahres unterworfen, und nach dem zeitlichen Verlauf dieser Schwankungen können für Österreich folgende Flußtypen aufgestellt werden:

1. Hochgebirgsflüsse mit ausgedehnten Gletschern im Einzugsgebiet.

Der maßgebendste Teil des Einzugsgebietes dieser Flußtype, der ihren Charakter bestimmt, liegt zwischen 2000 und 3000 m Seehöhe und darüber. Für die Schwankungen in der Wasserführung sind hier zwei Faktoren maßgebend, und zwar: Der im Spätherbst und Winter und im beginnenden Frühjahr fallende Niederschlag fällt als Schnee, der infolge des Winterfrostes nicht mehr zum Abfluß kommt. Der größte Teil des Winterniederschlages wird also im Einzugsgebiet aufgespeichert.

Die dadurch bedingte Verminderung des Abflusses erzeugt ein vollkommen regelmäßig wiederkehrendes, absolutes Minimum, das in den Monat Februar fällt.

Demgegenüber steht ein absolutes Maximum, das in die Zeit Juli - August fällt, denn in heißen, niederschlagsarmen Sommern geht das Abschmelzen um so intensiver vor sich und um so mehr Eis wird als Wasser zu Tal geschickt.

Diese beiden Erscheinungen, Winterfrost und Sommerhitze, bzw. Speicherung des Winterniederschlages (auch vergangener Jahre) und Abfluß von Teilen desselben in den Sommermonaten, treten so unabhängig von der augenblicklich herrschenden Witterung auf, daß sie einem gemittelten Diagramm der sekundlichen Abflußmengen einen außerordentlich regelmäßigen Charakter verleihen.

Das Gebiet, für dessen Flüsse die vorgeschilderte Wasserführung bezeichnend ist, reicht, roh umgrenzt, vom Arlberg bis zum Salzachknie bei Schwarzach-St. Veit. Die Rosanna ist der westlichste, der große Arlbach der östlichste Fluß dieses Gebietes. Die Nordbegrenzung ist durch eine Linie Landeck im Inntal (bzw. Südufer des Inn)—Zell am Ziller—Gerlos—Salzachtal Südufer bis Schwarzach-St. Veit gegeben. Das Isel- und das Drautal bis Spittal a. d. Drau umgrenzen das Gebiet im Süden.

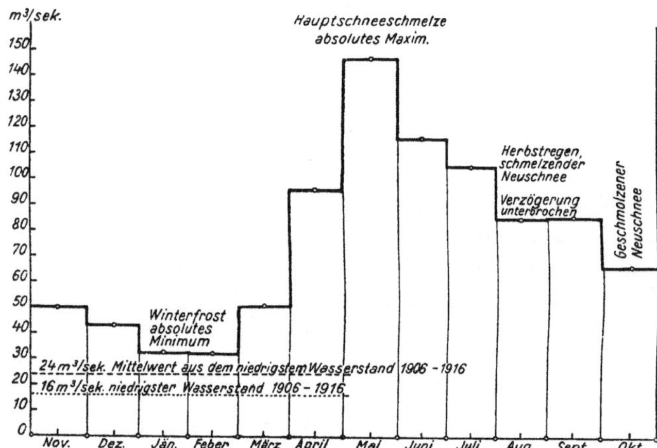

Abb. 5. Enns: Pegelstelle Wengg. Gerechnete Monats-Mittelwerte aus sämtlichen Wasserständen der Periode 1906—1916. (Nach „Ein gemischt-öffentliches Groß-Kraftwerks-Unternehmen in Steiermark". Graz 1918.)

An Quertälern des Inngebietes sind der Faggenbach, Pitzbach, Ötztaler Ache, Rutzbach, Sill, Zillertaler Ache neben der Rosanna und Trisanna in diese Gruppe einzubeziehen, deren Einfluß auch den Charakter des Inns selbst ausschlaggebend bestimmt. Die Krimmler Ache, der obere und untere Sulzbach, der Hollersbach, die Stubach, die Kapruner Ache, Fuscher Ache, Rauriser Ache und Gasteiner Ache, sowie Großarlbach gehören im Salzachgebiet diesem Flußcharakter an, und auch sie bestimmen ausschlaggebend den Charakter der Salzach.

Im Draugebiet sind die Isel mit ihren Zubringern, sowie die Möll und die Lieser hieher zu zählen.

In der Gesamtwasserkraftnutzung Österreichs spielt dieses Gebiet nicht nur wegen der starken Gefälle, von denen weiter unten ausgeführt werden soll, eine sehr bedeutende Rolle, sondern es ist auch deshalb wasserwirtschaftlich so wichtig, weil die Einzugsgebiete wegen ihrer Hochlage in großen Teilen Niederschlagshöhen von mehr als 1600 *mm* pro Jahr aufweisen und der Abflußkoeffizient ein großer ist, weil Versickerung und Verdunstung gegenüber anderen Gebieten zurücktreten.

Die dünne Besiedelung der besprochenen Gegenden, ihre geringe industrielle Entwicklung und die meistens für Gütertransporte nicht vorbereiteten Täler, sowie der kurze Bausommer sind die wesentlichsten Schwierigkeiten, mit denen die Wasserkraftnutzung dieser Gebiete zu rechnen hat. (Kostspielige Erschließung der Baustellen durch Straßen, Aufzüge, Horizontalbahnen, Seilbahnen, teure Materialtransporte, kurze Bausommer für die obertags gelegenen Objekte.) Da große städtische Siedlungen im eigenen

Lande in der Nähe fehlen, weist hier der Weg der Entwicklung in die Richtung der Bahnelektrifizierung und der elektrochemischen Industrie sowie (in einer späteren Zukunft, nach Zusammenschluß der Leitungen des Bayerwerks mit der rasch entstehenden österreichischen Sammelschiene) in die Richtung des Energieexportes.

2. Hochgebirgsflüsse ohne nennenswerte Gletscher im Einzugsgebiet.

Dieser zweite Typus von Alpenflüssen ist vor allem gebunden an den östlichen Teil der Zentralalpen. Die südlichen Zubringer der Enns, die beidufrigen Nebenflüsse der Mur, die Drauzubringer, abwärts von Spittal a. d. Drau, sind in erster Linie hieher zu zählen.

Ein maßgebender Teil des Einzugsgebietes liegt zwischen 1000 und 2000 m Seehöhe und etwas darüber. Der regelmäßige Winterfrost dieser Höhenlagen wird auch hier, ganz wie bei der Gruppe I, das absolute Minimum im Winter (Jänner-Februar) erzeugen. Hingegen fehlt hier die Eisreserve für den Hochsommer, wenn auch vereinzelte Schneefelder in nassen, kalten Sommern das Jahr über liegenbleiben mögen. Der Winterschnee wird schon im Frühjahr, längstens im Frühsommer abgeschmolzen, so daß das absolute Maximum der Kurve der Abflußmengen dieser Flüsse sich regelmäßig im April-Mai einstellt. Im Juni beginnt sich bereits eine Minderung der Wasserführung bemerkbar zu machen, die sich, allerdings unregelmäßig (je nachdem ein trockener oder ein nasser Sommer betrachtet wird), im Juli und August noch verstärkt. Während aber die Type I stetig zum Winterminimum niedersinkt, sehen wir in dieser Type II eine Verzögerung in der Abnahme der Wasserführung im Herbst, wenn die Herbstregen einsetzen und der gefallene Neuschnee wieder abschmilzt.

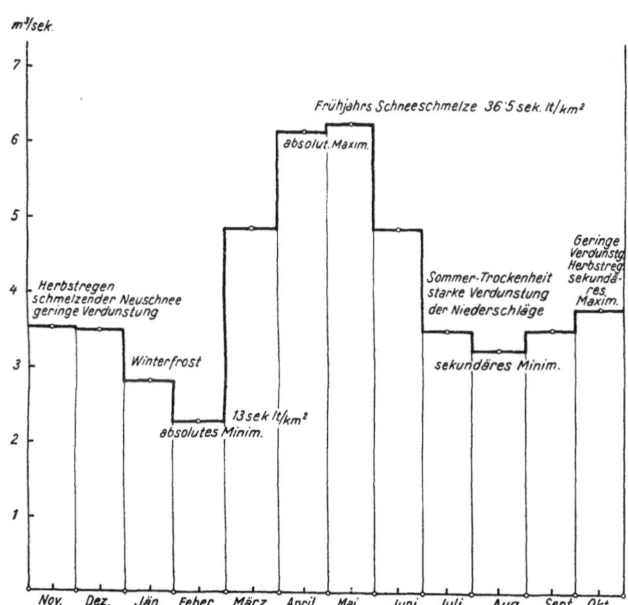

Abb. 6. Teigitsch: Pegelstelle: Langmannssperre. Mittleres Jahr der Periode 1909—1919. Einzugsgebiet 170 km^2. (Nach Mitteilung d. Steweag.)

Die Kurve der sekundlichen Abflußmengen fällt nicht mehr steil nieder, sie wird nahezu horizontal oder erhebt sich zu einem sekundären Maximum im Oktober, welches dann erst ab November zum absoluten Minimum abfällt.

Von der Kurve: absolutes Maximum im April-Mai, langsames, stetiges Niedersteigen bis September, Verzögerung im Niedersteigen im September-Oktober und nun erst Absinken zum absoluten Jänner-Februar-Minimum sind alle Übergänge denkbar und wohl auch verwirklicht, die neben dem absoluten Minimum im Februar und dem absoluten Maximum im April-Mai noch ein sekundäres Minimum im August (September) und ein sekundäres Maximum im Oktober haben. (Siehe Enns, Teigitsch und Gurk in Abb. 5, 6 u. 7.)

Es ist aber auch leicht einzusehen, daß diese Flußtype von der augenblicklichen Witterung stärker ergriffen wird als die Type I. Entsprechend der geringeren Höhenlage der Einzugsgebiete dieser Flußtype ist deren Wasserspende (Abfluß in Sekundenlitern pro Quadratkilometer Einzugsgebiet) kleiner als die Wasserspende der erstgenannten Flußtype. Auch nimmt dieser Wert gegen Osten mit der abnehmenden Niederschlagshöhe ebenfalls ab. Weiters ist die Verdunstung hier besonders in den Sommermonaten größer, weil die ausgedehnten Waldbestände eine starke Vermehrung der Oberfläche bewirken. Anderseits machen sich Niederschläge auch als Regen nicht sofort und nicht in vollem Umfange im Abfluß geltend, auch in diesem Punkte wirkt der Wald verzögernd.

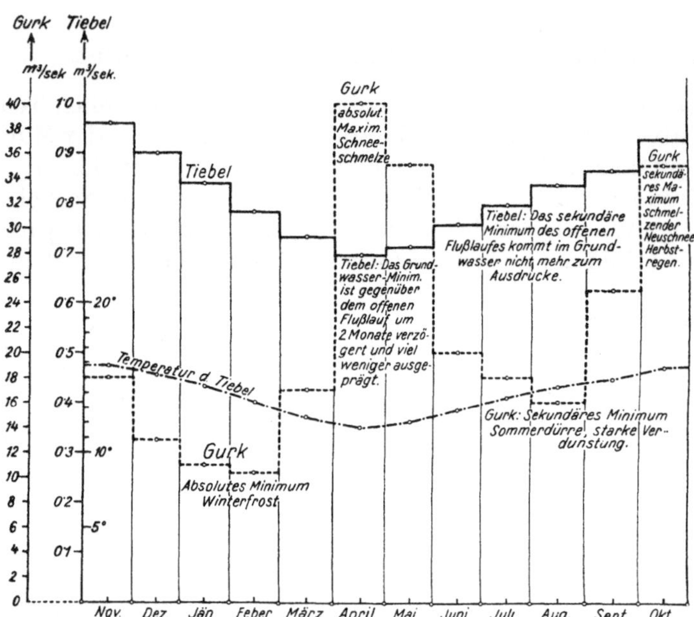

Abb. 7. Abflußmengen der Tiebel und der Gurk und Temperaturkurve der Tiebel. (Nach Mitteilung der kärnt. Landesregierung, Bauabteilung, und der Direktion des städt. Elektrizitätswerkes in Klagenfurt.)

Wenn auch Gefälle von 500 und mehr Metern, wie sie im Typengebiet I anzutreffen sind, hier nicht mehr erwartet werden können, so birgt doch auch dieses Gebiet Stufen in der Größenordnung um 200 m nicht gerade selten. Während ferner im Gebiete I die rationelle Bearbeitung der Flüsse fast nur Großkraftanlagen von mehreren bis vielen tausend Pferdestärken ergibt, liegt im Gebiete II doch eine ganz erhebliche Zahl von kleinen Bächen vor, die sich zur Kleinwasserkraftnutzung ganz trefflich eignen und für die 500 P. S. eine schon selten mögliche Leistung ist. Anlagen zwischen 50 P. S. und 300 P. S. ergeben sich in diesem Gebiete in erheblicherer Zahl.

3. Flüsse des Alpenrandes und des Alpenvorlandes.

In dieser Gruppe sind Flüsse zusammengefaßt, die dem Nord- und Ostrand der Alpen angehören. Das Quellgebiet liegt allerdings noch innerhalb der Alpen, aber nahe dem Alpenrand und in geringen Seehöhen, also etwa um 800 bis 1000 m. Der größte Teil des Einzugsgebietes liegt noch wesentlich tiefer.

Trotz geringer Seehöhe des Einzugsgebietes ist die Wasserspende dieser Flüsse zumindest am Nordwestrand der Ostalpen eine sehr hohe, weil die jährliche Niederschlagshöhe ganz außerordentlich groß ist. Staut sich doch hier die von Nordwesten einbrechende atmosphärische Feuchtigkeit, um größtenteils entladen zu werden. Ein Blick auf die Regenkarte Österreichs bringt die Erscheinung ungemein klar zum Ausdruck, daß die Zentralalpen trotz der größeren absoluten Höhe eine geringere Niederschlagshöhe aufweisen, als die niedrigeren Nordalpen. Wasserspenden von 60 *sekl* pro Quadratkilometer Einzugsgebiet (im Jahresmittel) sind hier keine Seltenheit.

Durch die Beschaffenheit des Untergrundes bedingt (Kalke und Dolomite in großer Ausdehnung) erfolgt ferner der Abfluß des Niederschlages sehr rasch. Niederschlagshöhe und Abflußhöhe weisen keineswegs jene zeitliche Verschiebung gegeneinander auf, die wir bei den Flußtypen I und II erwarten können. (Siehe beiliegendes Diagramm der Abflußmengen des Almflusses bei Hallein. Der September 1920 zeigt im Monatsmittel das absolute Maximum des betrachteten Niederschlagsjahres, der darauffolgende Oktober weist das absolute Minimum auf, eine Erscheinung, die bei den Flußtypen I und II ganz undenkbar wäre.) Infolgedessen zeigen die Diagramme der Abflußmengen einen viel unruhigeren Verlauf, als jene der Flüsse I und II. Haben wir bei der Type I nur ein Maximum im Sommer und ein Minimum im Winter, bei der Type II neben dem absoluten April-Mai-Maximum und dem absoluten Februar-Minimum noch ein sekundäres Maximum im Oktober (November) und ein sekundäres Minimum im August, so zeigen die Flüsse dieses Typus, auch wenn man die Monatsmittel betrachtet, mindestens drei Maxima und drei Minima, oder aber noch mehr als drei. Die Wasserführung dieser Flüsse hängt eben viel mehr vom Wetter ab, als von der Jahreszeit.

Im allgemeinen kann zur Charakteristik der Abflußmengen dieser Flußtype etwa folgendes gesagt werden:

Der Dezember wird infolge des Winterfrostes häufig niedrige Wasserstände aufweisen. Das so häufig im Jänner vorübergehend einbrechende wärmere Wetter kann vorhandenen Schnee weitgehend zum Abschmelzen bringen und das Monatsmittel, trotz teilweiser niederer Wasserstände. in die Höhe treiben. Der Februar wird aus ähnlichen Ursachen keineswegs ein absolutes Minimum darstellen, im Gegenteil, er kann höhere Wasserstände zeigen als der Vormonat. Wenn im März der Winterschnee abgeschmolzen wird, so sorgen die reichlichen Regen des April für eine gute Wasserführung. Schlechte Wasserstände sind in diesem Gebiete naturgemäß in einem heißen trockenen Sommer zu erwarten, und wird dieser von einem trockenen Herbst gefolgt, so kann das Minimum anstatt im August erst im September oder Oktober eintreten.

Die in der Regel reichlichen Herbstniederschläge werden das Sommerniedrigwasser wieder beheben und häufig ein Maximum im September oder Oktober erzeugen.

Zur genaueren Charakteristik dieser Flüsse wird man sagen können: die Monate März, April und vielleicht noch Mai werden in ihren Monatsmitteln wohl immer über der mittleren Jahresabflußmenge liegen. (Gesamte im Jahre abfließende Wassermenge, geteilt durch 31·5 Millionen = Anzahl der Sekunden eines Jahres.)

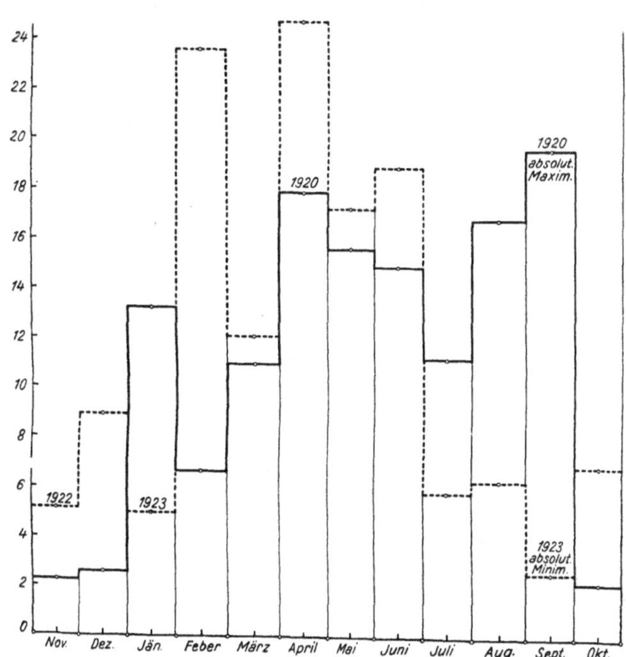

Abb. 8. Alm bei Hallein. Einlauf zum Speicher des Wiestalwerkes. Einzugsgebiet 175 km^2. Wasserspende 1920 = 60·9 $sekl/km^2$. (Nach Mitteilung des städt. Elektrizitätswerkes Salzburg.)

Während des Sommers wird wohl auch immer ein Minimum zu erwarten sein, das in der Regel zwischen den Monaten Juni und September liegen wird; in einem der Herbstmonate wird sich in der Regel ein Maximum einstellen, und wenn auch die Monate Dezember bis einschließlich Februar oft Niederwasserperioden aufweisen, so wird doch nie eine durchlaufende Niederwasserperiode auftreten, man wird vielmehr stets mit Durchbrechungen des Niederwassers zu rechnen haben.

Die Alpenrand- und die Alpenvorlandflüsse sprechen eben auf Verschiebungen der Polarfront ungemein empfindlich an.

Die absoluten Werte der Maxima und Minima sind dabei nicht wie bei den Typen I und II an einen bestimmten Monat gebunden, sie können sowohl im Sommer, als auch im Winter auftreten. Im allgemeinen werden eher ein trockener Spätherbst oder die Sommerdürre die tiefsten Wasserstände im Monatsmittel hervorrufen als der Winter. Monate mit extremen Werten der Wasserführung können einander unmittelbar folgen, zum absoluten Minimum eines Jahres läßt sich ein Jahr finden, das im gleichen Monat das absolute Maximum aufweist.

Der hier gegebenen Schilderung liegen die Verhältnisse an der Alm bei Hallein (genauer beim Einlauf zum Speicher des Wiestalwerkes) zugrunde.

Die Ybbs, Erlauf, Pielach, Traisen und Schwarza, bzw. der Kehrbach, lassen mutatis mutandis sich ebenfalls in dieser Type einreihen, mit dem Unterschiede jedoch, daß einerseits die Niederschlagshöhe gegen Osten hin abnimmt und die Monatsmittel nicht mehr so extreme Abweichungen zeigen, wie sie die Alm bei Hallein aufweist.

Ihrer Zahl und Größe nach treten die Flüsse dieses Typus hinter die Typen I und II zurück, so daß, was bei Österreich als Alpenland ja zu erwarten ist, die Typenreihe I, II, III gleichzeitig eine Reihe abnehmenden Gesamtenergieinhaltes der angeführten Systeme ist.

An Gefällen lassen sich immerhin noch Stufen von 100 bis 200 m herauswirtschaften, diese auch nur in beschränkter Zahl.

Was diese Flüsse aber besonders wertvoll macht und ihre weitgehende Ausnützung veranlaßt hat, ist ihre Lage nahe an großen Siedlungszentren mit reichlichem Bedarf an Energie für Licht und Kraftzwecke. Einzelanlagen von 10.000 P. S. (mit entsprechend höheren Spitzenleistungen) sind wohl schon die größten Kraftwerke, die an diesen Flüssen erreicht werden können. (Alm: Wiestalwerk 10.400 P. S., Strubklammwerk 10.000 P. S. Ybbs: Werk Opponitz 12.000 P. S. Erlauf: Werk Wienerbruck 5000 P. S., Werk Erlaufboden 4800 P. S. Traisen: Werk Oberndorf 1600 P. S. Mira: Werk Mirafälle 900 P. S. Kehrbach: Werk Föhrenwald 1300 P. S., Werk Brunnenfeld 1300 P. S., Werk Akademie (Wiener-Neustadt) 800 P. S., Werk Ungarfeld 600 P. S.)

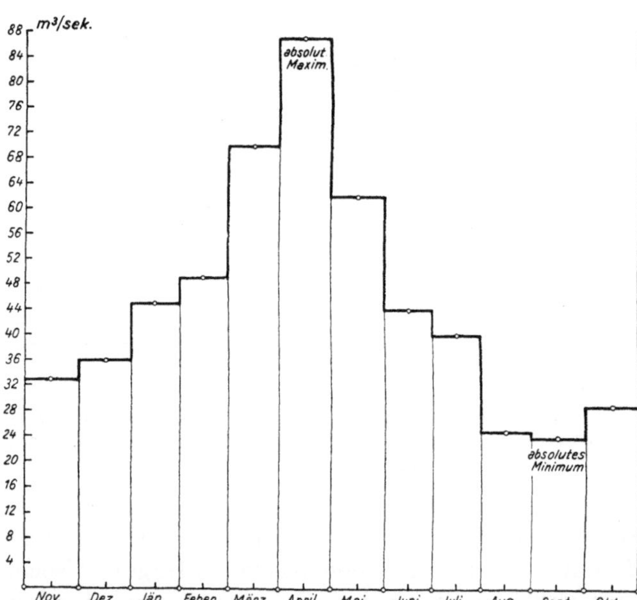

Abb. 9. Mittlere Monats-Pegelstände der Großen Mühl (gemittelt aus 1901—1910). Pegel: Neufelden (Mitgeteilt von der Oweag).

4. Typus: Mittelgebirgsflüsse.

In diesem Typus möchte ich die linksufrigen Zubringer der Donau auf österreichischem Gebiete vereinigen, vor allem die Abflüsse des Böhmerwaldes gegen die Donau zu. Diese Flüsse geben das Beispiel von „Mittelgebirgsflüssen", das heißt, in einer ersten Annäherung ausgedrückt: Ihre Wasserklemme fällt in den Sommer bzw. Herbst, und nicht in den Winter. Das absolute Minimum wird wohl immer im Juli, August oder September sein, und nur selten wird es in den Herbst (November) fallen. Das Sommerminimum wird häufig von einem sekundären Maximum im Herbst (Herbstregen) gefolgt werden, auf das wieder niedrige Wasserstände (allerdings oft mit Unterbrechungen) im Dezember folgen können.

Das absolute Maximum kann schon im Jänner eintreten, wohl immer aber werden April und teilweise noch Mai gute, in manchen Jahren absolute, maximale Wasserstände aufweisen.

Wenn somit auch der Verlauf des Diagramms der Abflußmengen (im Monatsmittel) nicht die Beständigkeit aufweist, welche die Typen I und II zeigen, so sind diese Mittelgebirgsflüsse doch in ihrer Charakteristik beständiger als die Type III. Vom Gefälle abgesehen, nimmt die Wertigkeit der Einzugsgebiete von Westen nach Osten ab.

Die Ranna an der österreichisch-bayrischen Grenze und die Mühl zeigen die größten sekundlichen Abflußmengen pro Quadratkilometer Einzugsgebiet, weil sie den höchsten und westlichsten Teilen des Böhmerwaldes, also jenem Gebiete entfließen, das die von Nordwesten einbrechende Feuchtigkeit zuerst auffängt und kondensiert.

Die Aist, die Naarn und gar die Aschach weisen viel geringere Wasserspenden ($sekl/km^2$) auf[1]).

Der wertvollste Fluß dieser ganzen Gruppe, die Große Mühl, liefert eine der größten einheitlichen Wasserkraftanlagen, die in Österreich denkbar sind (Partenstein 45.000 P. S.). Auch die geographische Lage dieser Flüsse zu hochentwickelten Konsumgebieten ist günstig. (Abb. 9.)

In der Gesamtenergiedarbietung steht jedoch diese Flußtype wegen ihrer beschränkten räumlichen Entfaltung und (vom Böhmerwald abgesehen) den doch schon viel geringeren Niederschlagshöhen doch erst an vierter Stelle.

Außer schönen Speichermöglichkeiten hat das hier besprochene Gebiet noch den Vorteil, mit den Hochalpenflüssen eine natürliche Ergänzung zu bilden.

5. Abflüsse aus Grundwasserbecken.

Schließlich sei noch eine Reihe von Flüssen angeführt, die durch die geologische Eigenart ihres Einzugsgebietes auffallen und deren Eigentümlichkeit darin besteht, daß Grundwasser aus großen Grundwasserströmen oder Spaltwasser ihre wichtigsten Ernährer sind.

Schon der in versumpften Talböden zutage tretende Grundwasservorrat führt bei manchen Flüssen eine Abschwächung der Extremwerte in der Wasserführung herbei. Als Beispiel sei der Paltenbach (Trieben-Rottenmann, Ennsgebiet) angeführt, der nicht nur durch den Gaishornsee, sondern auch durch die Versumpfung des Tales bei Treglwang und Gaishorn Hochwasserwellen abschwächt und Trockenheitsminima aufbessert. Vom Steirerbach (Görtschitz) mit den Sumpfgebieten unterhalb Mühlen kann ähnliches gesagt werden. Tiefliegendes Grundwasser speist den Tieblbach bei Feldkirchen in Kärnten. Dieser auf der Landkarte (Blatt Gurktal) so unscheinbar anzusehende Bach hat ein so kleines Einzugsgebiet, sofern man dieses Einzugsgebiet durch obertägig sichtbare Wasserscheiden abgrenzt, daß er auf den ersten Blick wasserwirtschaftlich überhaupt wertlos erscheint. Bei genauerem Zusehen erkennt man jedoch, daß die obertägige Wasserscheide zwischen Gurk und Tiebl durch eine Moräne gebildet wird, und daß die Quellen des Tieblbaches nichts anderes sind als Austritte des Grundwassers der Gurk.

Es bereitet sich, wie aus der Betrachtung der Höhenkoten leicht erkannt werden kann (Gnesau im Gurktal 963 m, Himmelberg im Tiebltal 667 m), hier eine seitliche Abzapfung des Gurktales vor, die augenblicklich ihren Ausdruck darin findet, daß der Tieblbach der Gurk bei Gnesau usw. das Grundwasser wegtrinkt. Diesem Umstande ist auch die hohe Wintertemperatur des Tieblbaches zuzuschreiben, der im Winter eisfrei bleibt (vgl. Temperaturkurve der Abb. 9). Da ferner die Grundwasserschwankungen den obertägigen Niederschlägen infolge der langsamen Grundwasserbewegung nur in einem großen zeitlichen Abstand folgen und die Mengenschwankungen der Niederschläge

---

[1]) Im Jahre 1920 waren die Wasserspenden der:

	Ranna	Gr. Mühl	Wald-Aist	Naarn
		$sekl/km^2$		
im März...............	21·6	18·3	13·1	14·7
„ November	8·6	8·3	3·5	6·5

im Grundwasser eine weitgehende Vergleichmäßigung erfahren, sind neben den hohen Wintertemperaturen noch gute Winterwasserstände und überhaupt geringe Schwankungen der Abflußmengen für Flüsse solcher Art charakteristisch. Bedenkt man, daß zur winterlichen Eisfreiheit, zur großen winterlichen Wasserführung noch die Abwesenheit einer Sand- und Schotterführung kommt, so ist leicht einzusehen, daß solche Grundwasserabflüsse sowohl wasserwirtschaftlich als auch bautechnisch zu den wertvollsten Kraftwasserspendern gehören. Ihre relative Seltenheit und die immerhin beschränkte Wassermenge setzen leider ihre Bedeutung für die Wasserwirtschaft eines großen Gebietes herab.

Der Anschnitt des Erdinger Mooses im Zuge der Kraftanlage „Mittlere Isar" (Bayern), der dem Oberwasserkanal des genannten Kraftwerkes 10 m^3/sek warmes Winterwasser zuführen soll, und die Grundwasserbenützung im Kraftwerk „Klosters-Küblis" stellen weitere Beispiele der Heranziehung von Grundwasseranzapfungen (natürlichen und künstlichen) zur Wasserkraftnutzung dar. Auch die „Brunn-Adern", das sind Grundwasseraustritte, welche manche Flüsse in ihren flachen Talböden begleiten (z. B. Traisen unterhalb St. Pölten), wären hier einzureihen.

Bei genauerem Studium wird sich sicherlich noch eine Vermehrung der hier angegebenen Möglichkeiten ergeben, die mancher Wasserkraftanlage eine wertvolle Winterhilfe darbieten können.

6. Abflüsse aus verkarsteten Gebieten.

Die verkarsteten Kalkhochflächen unserer Alpen treten auf einer Flußkarte durch ihre Armut an Flüssen und Seen ungemein deutlich hervor. Vom Raxgebiet über das Gebiet des Hochschwabs und des Toten Gebirges zum Dachstein und zum Steinernen Meer dehnt sich ein überaus flußarmer Landstreifen, nur an wenigen Stellen von Quertälern durchbrochen und häufig von Längstälern umsäumt. Ein Zahlenbeispiel soll das Gesagte zur Anschauung bringen.

Die Enns fließt von Eben über Schladming—Selztal an der Scheide zwischen dem Gebiet Dachstein-Totes Gebirge (Karstgebiet) und den kristallinen Radstädter- und Rottenmanner-Tauern. Ihr Tal ist in bezug auf die Zubringer durchaus asymmetrisch, denn rechtsufrig, aus den Tauern empfängt sie auf der genannten Strecke in Abständen von 5 km (gegen Osten mehr) acht Zubringer, deren Quellen alle wenig unterhalb des Hauptkammes liegen, und deren Quellgebiete mit Karseen geradezu übersät sind. Man kann in diesem Teil des Ennsgebietes nicht weniger als 71 Seen zählen.

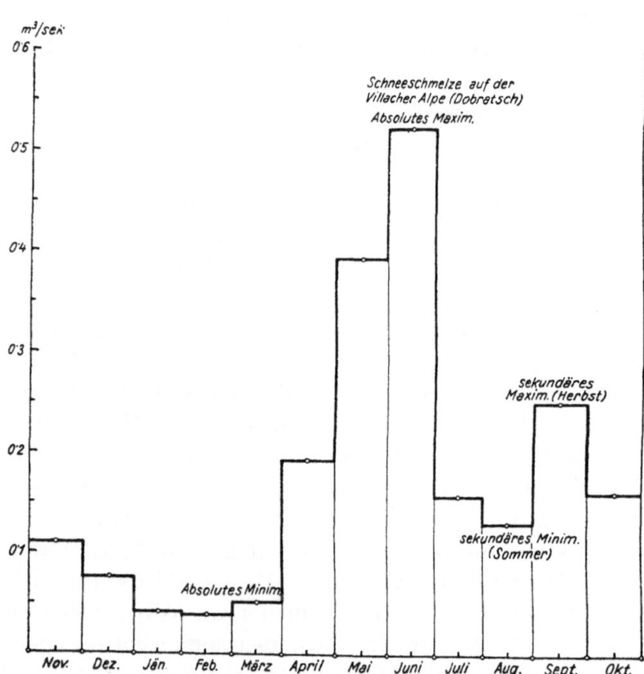

Abb. 10. Nötschquelle am Nordfuße des Dobratsch, Bleiberg, Kärnten. Mittleres Jahr der Periode 1877—1882. (Mitgeteilt von der Bergdirektion Bleiberg der Bleiberger Bergwerksunion.)

Linksufrig stehen dem nur der Mandling-, Salza- und Grimmingbach gegenüber, und an Seen zählt man linksufrig sieben.

Ähnlich liegen die Verhältnisse in den übrigen verkarsteten Gebieten der Ostalpen. Wie es Karstquellen zukommt, liegt der oberirdische Ursprung der Flüsse nicht nahe der Wasserscheide, sondern verhältnismäßig tief, am Fuße des Gebirges.

Da das Wasser vor seinem Austritt an die Oberfläche weite Wege im Innern des Gebirges zurücklegt, lassen sich zwei Merkmale solcher Flüsse erwarten.

Bei weiten, tiefreichenden Wasserwegen wird das Wasser im Winter verhältnismäßig wärmer sein, die Abflüsse eines weiten, verkarsteten Gebietes der Ostalpen lassen also eine geringere Wintereisplage erwarten als die übrigen Alpenflüsse mit gleich hoch gelegenem Niederschlagsgebiet. Obschon im ausgedehnten unterirdischen Einzugsgebiet doch ein gewisser Wasserspeicher vorliegt, so daß man in günstigen Fällen eine Verzögerung und Abschwächung des Februarminimums erwarten könnte, zeigen die Beobachtungen, daß das obertägige Regen- oder Schmelzwasser doch so rasch durch das Netzwerk von Klüften und Spalten durchfällt, daß von einer Beeinflussung des Wasserregimes durch den oft weiten unterirdischen Weg des Wassers praktisch nicht gesprochen werden kann. Die Nötschquelle bei Bleiberg (am Fuße des Dobratsch) hat wohl verhältnismäßig günstige Wintertemperaturen, in bezug auf die Abflußmengen verhält sie sich aber so, als würde sie nicht am Fuße, sondern am Dobratsch selbst entspringen. (Absolutes Minimum im Februar, absolutes Maximum im Juni, sekundäres Minimum im August, sekundäres Maximum im September.)

Auch die am Fuße des Hochschwab (Salzatal) und der Rax (Schwarzatal) austretenden Karstquellen zeigen mit ihrem absoluten Minimum im Winter und mit guten Sommerwasserständen, daß sie sich so verhalten, als lägen sie nicht am Fuße der Hochflächen, sondern auf diesen selbst; oder anders ausgedrückt: das Wasser fällt durch die Karstplateaus so rasch durch, daß eine Speicherwirkung nicht oder nicht wesentlich in Betracht kommt.

Eine Betrachtung der Karstflüsse im istrianischen und dalmatinischen Karst zeigt, bei an und für sich gleichem Verhalten dieser Flüsse (Durchfallen des Wassers durch den Kalk), welche prächtige Ergänzung diese Karstflüsse mit den Alpenflüssen (Type I und Type II) liefern würden. In der beistehenden Abb. 11 wurden als Beispiel die Schaulinien der sekundlichen Abflußmengen der bei Sebenico in Dalmatien mündenden Krka und der aus den Hohen Tauern kommenden Gasteiner Ache übereinander gezeichnet.

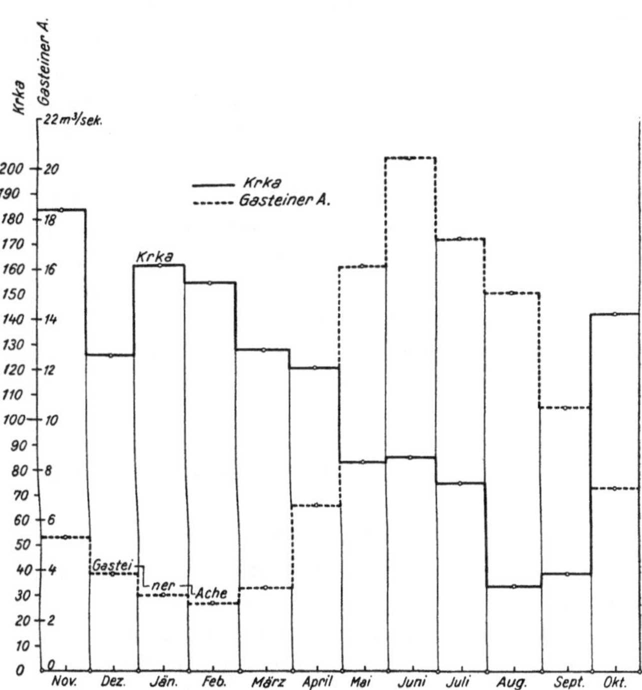

Abb. 11. Sekundliche Abflußmengen der Krka in Dalmatien (Pegel: Manojlovac, mitgeteilt von der „Sufid"), als Beispiel eines dalmatinischen Karstflusses, und der Gasteiner Ache als Beispiel eines Hochalpenflusses. Phasenverschiebung der Wellenlänge nahezu gleich $\frac{\lambda}{2}$

Gasteiner Ache.
Einzugsgebiet 331·3 km^2
größte Wasserspende Juni............... 67·6 $sekl/km^2$
kleineste   „   Februar............ 8·2   „
Jahresmittel der Wasserspende .... 24·2   „
(Mitgeteilt von der hydrographischen Abteilung der Landesregierung Salzburg.)

Die Phasenverschiebung der beiden Wellenlinien ist nahezu gleich einer halben Wellenlänge, das Wintermaximum dieser Karstflüsse ergänzt das Winterminimum der Alpenflüsse und umgekehrt. Nur im September und Oktober ist die Ergänzung weniger befriedigend. Die Narenta, Cetina, die Lika, Gačka, der Vrbas und die Una, kurz alle übrigen Flüsse dieser Gebiete verhalten sich ebenso wie die Krka. Eine Koppelung dieser Karstflüsse mit Alpenflüssen eröffnet wasserwirtschaftlich ungemein befriedigende Ausblicke, so sehr dieselben auch noch außerhalb der gegenwärtigen Durchführungsmöglichkeiten liegen.

Im Vergleich mit den vorher beschriebenen Typen kann gesagt werden, daß die Abflüsse aus verkarsteten Alpengebieten pro Quadratkilometer Einzugsgebiet deshalb eine geringere Energieausbeute geben als die übrigen Gebiete, weil der hochgelegene Teil des Einzugsgebietes unterirdisch liegt und sich der Kraftnützung derzeit wenigstens noch entzieht, wie denn überhaupt die aufgestellte Flußtypenreihe gleichzeitig eine Reihe mit abnehmender Energiespende ($P.\,S./km^2$ Einzugsgebiet) ist.

So roh und lückenhaft der vorliegende Versuch einer Einteilung der Flußläufe Österreichs auch ist, und so sehr er noch der Verfeinerung und Berichtigung bedarf, so zeigt sich doch der Einfluß der absoluten Höhenlage, der Lage gegenüber den Einbruchsstellen der von Nordwesten bzw. vom Süden her einbrechenden Feuchtigkeit, und endlich der Einfluß der Art des Gesteinsuntergrundes der Einzugsgebiete. Der Einfluß der Waldbedeckung konnte nur nebenbei gestreift werden und jener der Talrichtung (ob nach Westen oder Osten offen usw.) wurde mangels an Material überhaupt nicht behandelt.

III. Formen der Einzugsgebiete.

Bei der Wertung von Flüssen desselben Typus oder desselben geographisch engbegrenzten Bezirkes in bezug auf ihre sekundlichen Abflußmengen verdienen vor allem zwei Merkmale besonders hervorgehoben zu werden, und zwar:

a) Die fächerförmige Gestaltung des Einzugsgebietes im Oberlauf mit einem unvermittelten Übergang des Fächers zu einem Schlauch. Der Pölsbach, der bei Unter-Zeiring den Blabach und bei Möderbruck den Pusterwaldbach mit dem Bretsteinbach und dem Authaler Bach und damit auch alle Zubringer dieser Bäche in sich aufnimmt, führt somit von Unter-Zeiring an alle Niederschläge eines großen, fächerförmig entwickelten Einzugsgebietes ab. Von Unter-Zeiring bis zur Einmündung in die Mur ist das Talgebiet der Pöls ein schmaler Kanal ohne nennenswerten Zubringer. Die Vermehrung der sekundlichen Abflußmengen ist also nur mehr sehr gering.

Liegt der Fußpunkt eines solchen Fächers relativ hoch, so ist damit eine außerordentlich wertvolle Möglichkeit für die Wasserkraftnutzung gegeben. Im Falle der Pöls drängt sich z. B. die wasserwirtschaftliche Lösung in der Art auf, daß der Fußpunkt des Fächers von Unter-Zeiring westlich des Pölshalses zum Murgelände geführt und hier die ganze Wassermenge und (nahezu) das ganze Gefälle in einer Stufe ausgenützt werden soll. Die wirtschaftlichen Vorteile dieser Einstufenanlage gegenüber den sieben Kraftwerksanlagen (vier davon sind ausgeführt, drei sind projektiert), die tatsächlich ausgeführt bzw. geplant sind, sind ohneweiters einzusehen.

Der weit ausgreifende Fächer der Olsa bei Neumarkt in Steiermark, der Fächer des Vordernberger Baches, der sich bei Trofaiach schließt, der Fächer der Raab oberhalb der Raabklamm, jener des Granitzenbaches bei Obdach sind weitere Beispiele für die wasserwirtschaftlich wertvolle Ausbildung fächerförmiger Einzugsgebiete nach der Art des Pölsfächers.

Noch häufiger aber ist der Fall, daß der Fußpunkt des Fächers tief liegt und die einzelnen Zubringer durch Wasserfälle oder Steilstrecken dem gemeinsamen Fußpunkte zueilen (Stufen am Zusammenfluß). Die Entwässerung der Nordabdachung der Zillertaler

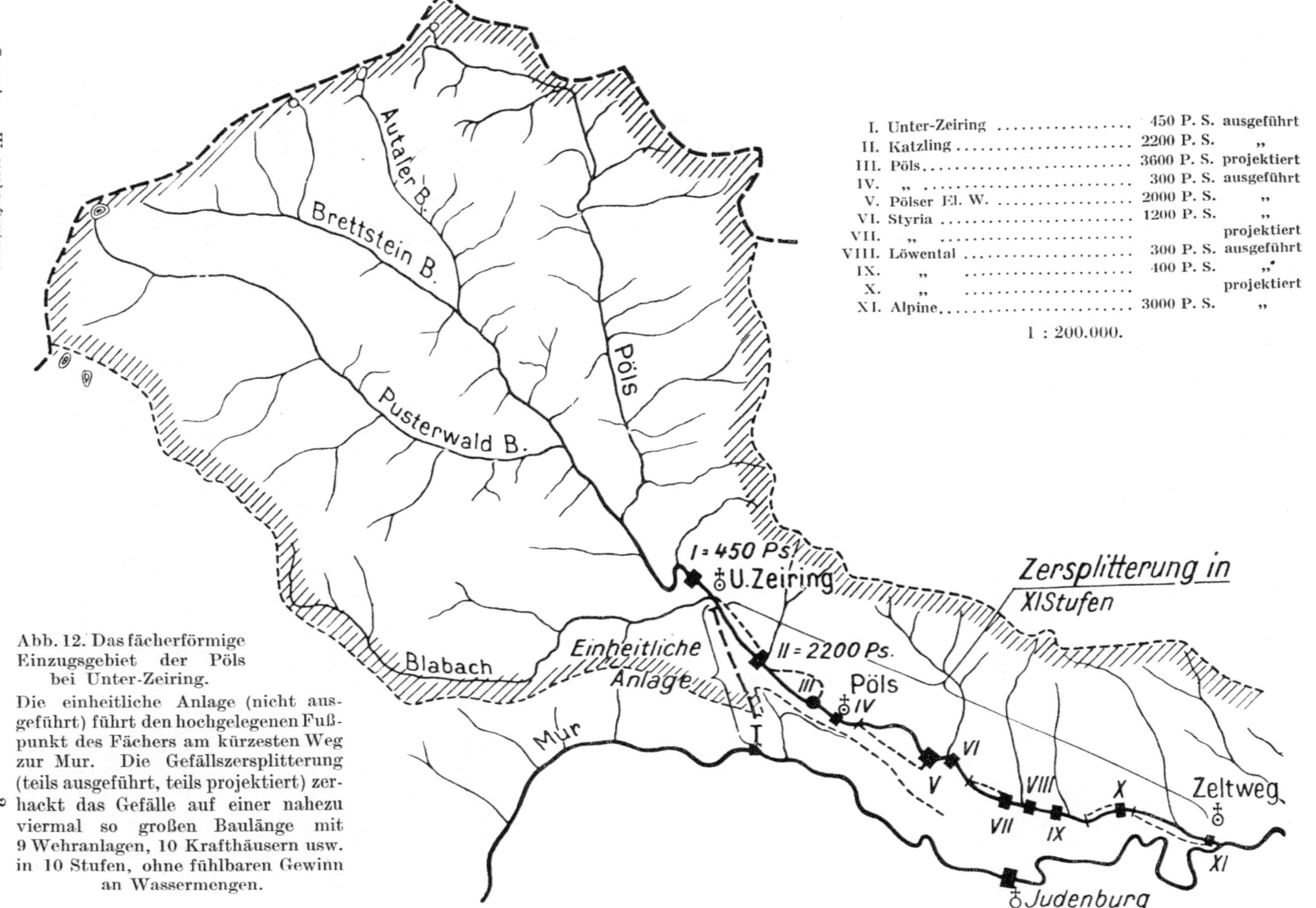

Abb. 12. Das fächerförmige Einzugsgebiet der Pöls bei Unter-Zeiring.

Die einheitliche Anlage (nicht ausgeführt) führt den hochgelegenen Fußpunkt des Fächers am kürzesten Weg zur Mur. Die Gefällszersplitterung (teils ausgeführt, teils projektiert) zerhackt das Gefälle auf einer nahezu viermal so großen Baulänge mit 9 Wehranlagen, 10 Krafthäusern usw. in 10 Stufen, ohne fühlbaren Gewinn an Wassermengen.

Alpen durch den Tux-, den Zemm- und den Stillupbach, die sich bei Mayerhofen mit der
Ziller vereinigen, kann als Beispiel hiefür angeführt werden. Auch der prächtige Fächer,
den die Isel, der Defreggerbach und der Kalser Bach bei Huben in Osttirol bilden, ist u. a.
hier einzureihen. Solche Fußpunkte stellen dann wohl immer ganz auserlesene Großkraftzentren dar, wobei je nach den Höhenverhältnissen der Stufen entweder die einzelnen
Zubringer nach Art eines Zirkumferenzialstollens zu einem gemeinsamen Wasserschloß
geführt werden können, oder wenigstens das Krafthaus für alle Zubringer zusammen-
gelegt wird. In ganz ähnlicher Weise wird der einfachere Fall von nur zwei Zubringern
behandelt.

b) **Das Hintergreifen des Einzugsgebietes eines Flusses hinter das
Quellgebiet seiner Nachbarn.** Als lehrreiches Beispiel dieser Art sei die Große Mühl
herangezogen. Dieser Mittelgebirgsfluß ist allen linksufrigen Donauzubringern auf österreichischem Gebiet wasserwirtschaftlich ganz außerordentlich überlegen, und zwar durch
die Flächenentwicklung und die Höhenlage seines Einzugsgebietes. Von Haslach bis zur

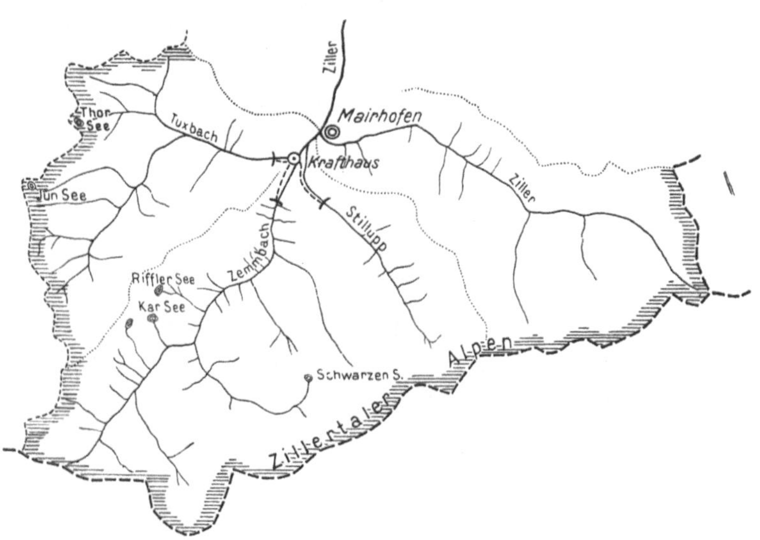

Abb. 13. Das fächerförmige Einzugsgebiet bei Mairhofen im Zillertal
und das Projekt der „Zillertaler Kraftwerke" (1 : 400.000).

Mündung in die Donau bei Neuhaus fließt die Große Mühl Nord-Süd, so wie ihre Nachbarn, die Ranna, die Kleine Mühl, der Pesenbach und die Rodl. Von Haslach aufwärts folgt jedoch die Große Mühl bzw. die Michl einer Südost-Nordwest streichenden Tiefenlinie, einer Linie, die parallel zum oberen Moldautal, parallel zum Kamm des Böhmerwaldes, zum bayrischen Pfahl und auch parallel zum Donautal der Strecke Passau—Aschach ist (siehe Abb. 14).

Durch diese Tiefenlinie, deren tektonische
Vorzeichnung auf der Hand liegt, hintergreift die Große Mühl die Quellgebiete ihrer
vorangeführten Nachbarn und sie nimmt dadurch gleichzeitig den wertvollsten, weil am
höchsten gelegenen Teil der ganzen Südwestabdachung des Böhmerwaldes für sich als
Einzugsgebiet in Anspruch. Darin liegt die wasserwirtschaftliche Überlegenheit der
Großen Mühl gegenüber ihren Nachbarn.

Eine ähnliche Untersuchung, an der Ostabdachung der Koralpe ausgeführt, zeigt,
daß die Teigitsch in bezug auf ihre Wasserführung ihren Nachbarn ebenfalls deshalb
überlegen ist, weil auch der Oberlauf der Teigitsch parallel zum Koralpenkamm fließt
und im wertvollsten, höchstgelegenen Teil seines Einzugsgebietes weit in der Richtung
des Gebirgskammes ausgreift. In der Tat fließen Packerbach, Teigitsch- und Modriach-
bach in Einsenkungen, die parallel zum Koralpenhauptkamm und parallel zur
Lavantbruchlinie streichen, um erst später der quer zum Koralpenkamm
ziehenden Packersende zu folgen, wobei auch noch der Verlauf unterhalb Edelschrott noch nicht restlos geklärte Komplikationen aufweist (Abb. 15). Der Auerling-
bach auf der Lavantseite der Koralpe wiederholt im kleinen die Verhältnisse am
Oberlauf der Teigitsch.

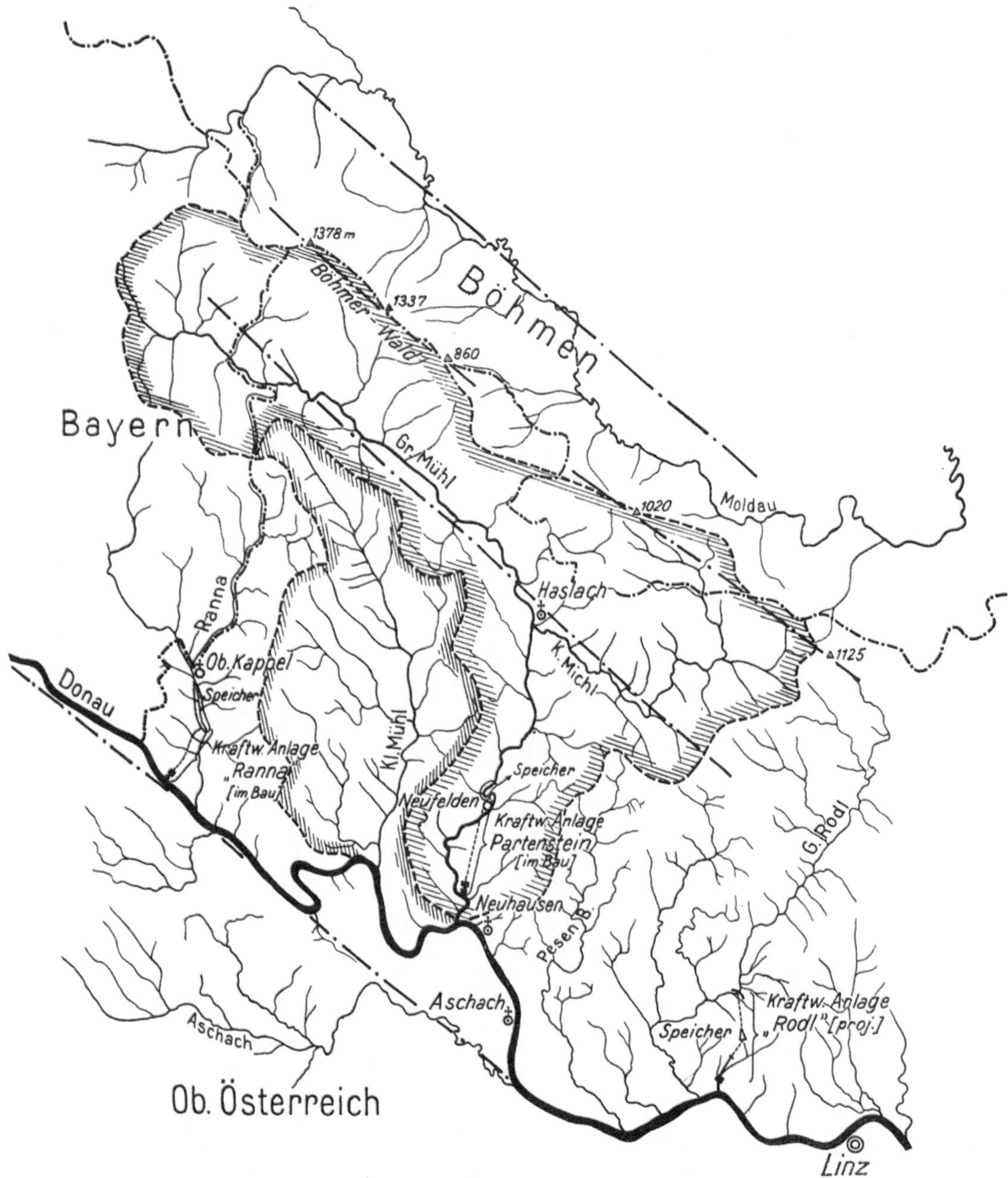

Abb. 14. Übersichtskarte der „geographischen Position" von Wasserkraftanlagen im „Mühl-Viertel" Oberösterreich (1:400.000).

Schon diese kurzen Ausführungen zeigen, daß die Bewertung der Abflußmengen eines Flusses erst nach Aufhellung der Geschichte seines Tales verständlich wird.

IV. Ausbaugröße.

Der Erfüllung der theoretischen Forderung: „das ganze abfließende Wasser soll arbeiten", stehen gegenüber: die stark schwankende Wasserführung aller Flußtypen einerseits und die ebenso schwankende Tages- als auch Jahreslastlinie eines allgemeinen Licht- und Kraftwerkes. Den Flußtypen I, II, IV und VI steht einer geringen Abflußmenge im Winter ein um so größerer Energiebedarf zur gleichen Zeit gegenüber und umgekehrt (siehe Abb. 3, S. 3). Die Typen III und IV (z. T.) passen sich dem Energie-

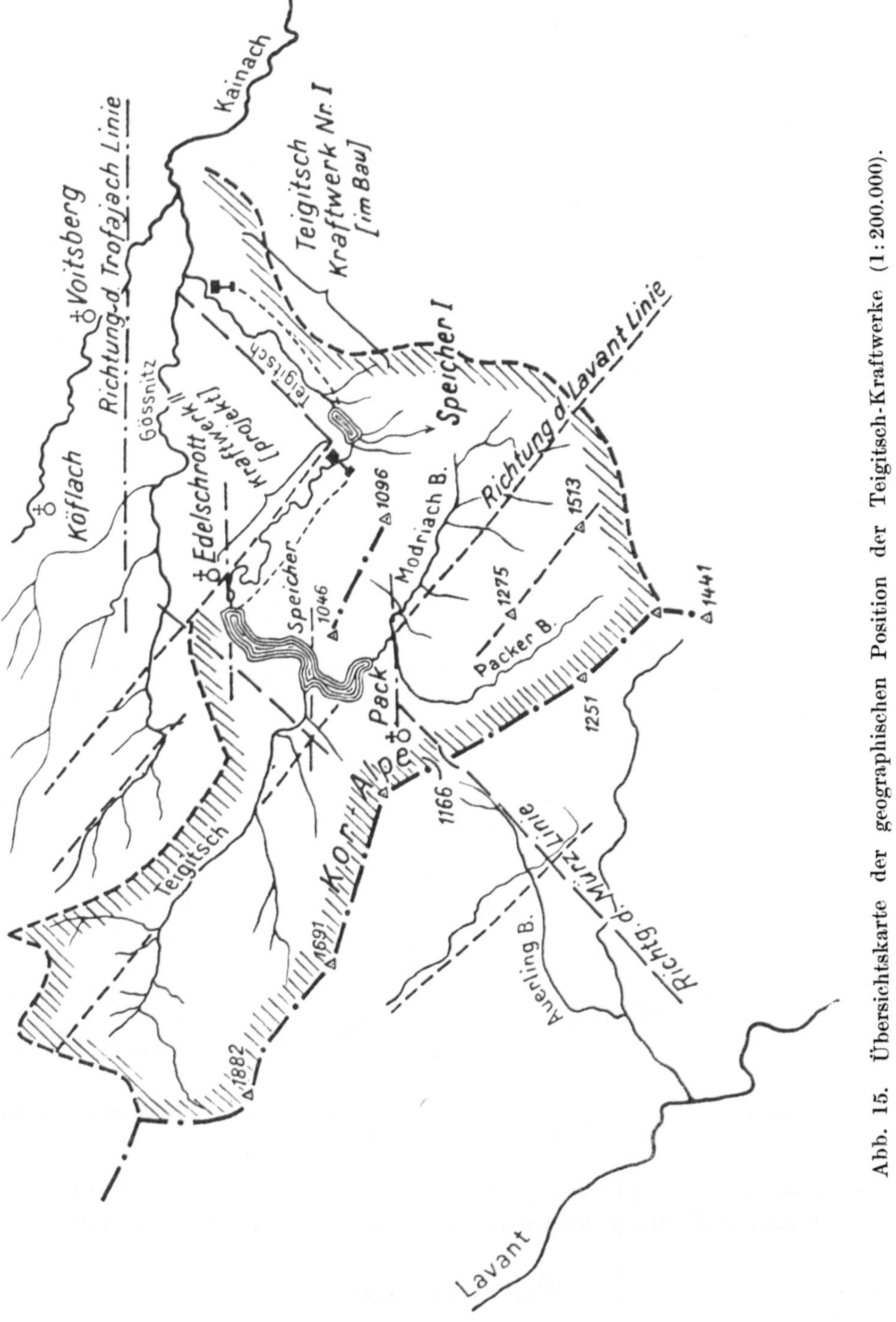

Abb. 15. Übersichtskarte der geographischen Position der Teigitsch-Kraftwerke (1:200.000).

bedarf allgemeiner Licht- und Kraftwerke besser an. Bei den Eisenbahnwerken liegen die Bedarfsverhältnisse qualitativ (nicht quantitativ) reziprok. Weitgehend anpassungsfähig an die wechselnde Energiedarbietung eines Flusses sind nur elektrochemische Prozesse, und hier an erster Stelle die sogenannten Heiß-Kalt-Prozesse der elektrischen Oxydation des Stickstoffes (Salpetersäure usw. nach Birckeland und Eyde, nach Pauling), deren Ab- bzw. Zustellung in wenigen Minuten oder in Bruchteilen einer Minute vollzogen ist, die sich somit auch den Schwankungen der Tageslastlinien anpassen können. Schon schwerfälliger in der Anpassung sind die elektrolytischen, besonders die schmelzelektrolytischen Prozesse, und noch schwerfälliger sind die elektrothermischen Prozesse mit ihren verhältnismäßig großen Betriebseinheiten (Karbidöfen, Elektrohochöfen, Ferrosilizium usw., siehe Abb. 4) und ihrer verhältnismäßig großen Massenbewegung. Immerhin aber sind bis zu einem gewissen Grade alle elektrochemischen Prozesse anpassungsfähig. Innerhalb der Tageslastlinie ist ein elektrischer Eisenbahnbetrieb überhaupt nicht an wechselnde Energiedarbietungen anpassungsfähig, während die elektrische Raumheizung nach dem Prinzip der Wärmespeicheröfen und der elektrischen Fußbodenheizung der Tageslastlinie weitgehendst angepaßt werden kann (Anheizen der Öfen mit Nachtstrom).

Die eingangs erwähnte, theoretische Forderung, verglichen mit den jahreszeitlichen Schwankungen der Abflußmengen eines Flusses, und verglichen mit dem Energiebedarf der wichtigsten Typen von Wasserkraftanlagen (allgemeine Licht- und Kraftwerke, Bahnwerke für den Fernverkehr und elektrochemische Werke), führt, sofern man nur einen einzelnen Flußlauf betrachtet, zu scheinbar unlösbaren Fragen nach der hydraulischen Ausbaugröße eines Werkes.

Wird auf Niederwasser gebaut, dann steht die Energie der Kraftanlage allerdings nahezu das ganze Jahr zur Verfügung, aber der größte Teil des Wassers fließt ungenützt über das Wehr; ein solcher Ausbau erfüllt die theoretische Forderung oft nicht zu 10% und ist als Verschwendung eines Naturschatzes wirtschaftlich zu verwerfen. Beim Ausbau auf das fünf- oder sechsmonatigee Wasser wird die Flußnutzbarkeit allerdings groß (70%), es entsteht aber die Frage nach der Verwertung der Sommerenergie (bei den Flußtypen I, II und VI), die im Winter nicht da ist (Abfallenergie).

Schon diese kurze Andeutung möge genügen, um darzutun, daß sich ein einziges Kraftwerk an einer Flußstrecke (Freilaufwerk) überhaupt nicht so ausbauen läßt, daß der Ausbau voll befriedigen könnte, weil immer ein Kompromiß zwischen den beiden vorangeführten Standpunkten die Lösung darstellen wird. Nur elektrochemische Anlagen, oder ein großer Stromabnehmer, der alles nimmt, wieviel, zu welcher Jahres- und Tageszeit man ihm den Strom auch schicken mag (derzeit ist die Gemeinde Wien in dieser Lage), kann in einem einzigen Freilaufwerk auch einen befriedigenden Absatz des erzeugten Stromes bei hoher Flußnutzbarkeit finden. (Das vor allem für die Aluminiumerzeugung, der Vollendung entgegengehende Kraftwerk „Mittlerer Inn" mit 90.000 P. S. installierter Leistung bei Mühldorf am Inn in Bayern, ist auf das fünfmonatige Innwasser ausgebaut.)

Wie eine Betrachtung der Diagramme der Abflußmengen zeigt, ist eine erste Lösung des Gegensatzes zwischen Energiedarbietung eines Flusses und Energiebedarf der Wirtschaft durch hydraulische oder elektrische Kupplung solcher Werke möglich, von denen die einen den Flußtypen I, II, die anderen den Typen III, IV, eventuell noch V angehören. (Eine großartige hydraulische Kupplung zweier Flüsse mit verschiedenen Schwankungen in den Abflußmengen wird beim Main-Donaukanal vorbereitet, durch die Überführung des Lech [Alpenfluß II bzw. VI] in den Main [90 km]; Mittelgebirgsfluß mit Februarhochwasser, Sommerniederwasser.)

Daß aber diese Lösung keine vollständige ist und sein kann, geht schon daraus hervor, daß die Gebirgsflüsse der Typen I und II weitaus das Flußgebiet Österreichs beherrschen, zu einem Ausgleich also viel mehr und viel bedeutendere Mittelgebirgsflüsse vorhanden sein müßten, als Österreich aufweist.

Immerhin zeigt die Betrachtung einwandfrei, daß rein wasserwirtschaftliche Erwägungen zum Zusammenschluß verschiedener Kraftwerke drängen.

Eine viel vollkommenere, unter günstigen Umständen nahezu restlose Lösung findet der eingangs erwähnte Konflikt zwischen wechselnder Energiedarbietung und wechselndem Energieverbrauch in der Kraftwasserspeicherung, die, in einfachster Form ausgesprochen, darin besteht, daß man das augenblicklich nicht benötigte Wasser zurückbehält, speichert, um es dann abfließen, seine Energie abarbeiten zu lassen, wenn es gebraucht wird. (Tagesspeicher zur Deckung des Energiebedarfes der abendlichen Spitze, Wochenspeicher zur Zurückhaltung des während der Arbeitsruhe am Sonntag nicht benötigten Wassers, Jahresausgleichsspeicher zur Deckung des Winterdefizits der Flußtypen I und II. Die Deckung der Anfahrtspitzen bei elektrischen Eisenbahnzügen erfolgt durch Wasserspeicherung im Wasserschloß. Die Tagesspeicher ergeben sich oft schon durch den großen Wasserinhalt langer Oberwasserkanäle usw.)

Da vor allem die Hauptflußtäler eine Speicherung des Sommerabflußwassers nicht zulassen, weil so große Wassermengen in den Haupttälern in der Regel nicht unterzubringen sind, sind für die Frage der Speicherung die Nebentäler von vornherein interessanter. Daß es beim Speicher auf die darin enthaltene, potentielle Energie, also nicht nur auf die Wassermenge, sondern auch auf das Gefälle, das der Speicher zum Abarbeiten vor sich hat, ankommt, ist selbstverständlich. (Weshalb man bei wasserwirtschaftlichen Erwägungen den Speicherinhalt auch in Kilowattstunden bei einmaliger Füllung, also seine Leistung angibt, geradeso wie man bei Freilaufwerken die Jahresleistung in Kilowattstunden angibt, unterteilt in Edelenergie, die das ganze Jahr verfügbar ist, und in „unständige" Energie, die nur über dem Niederwasser vorhanden ist.)

Die Aufstellung der Flußtypen läßt auch erkennen, daß die Flüsse der Type I in der Regel nur eine einmalige Speicherfüllung (im Sommer) zulassen. Dasselbe gilt der Hauptsache nach wohl auch noch für Flüsse der Type II, obschon hier das sekundäre Herbstmaximum je nach dem Flusse zur Speicherfüllung neuerdings beitragen kann.

Bei Flüssen des Alpenvorlandes und des Alpenrandes wird hingegen infolge der größeren Anzahl von Maxima eine höhere Füllungszahl erreicht werden können, derselbe Speicherraum wird jährlich mehr als einmal ausgenützt, er ist also unter sonst gleichen Umständen günstiger als ein Speicher innerhalb der Flußtypen I und II.

Die extremste Ausnützung eines Speichers der Flußtype I und II besteht wohl darin, daß das Speicherwerk den Sommer über stillgelegt, aufgefüllt wird und die ganze Jahresenergie in den Wintermonaten abgibt, also die Energielieferung gegenüber der natürlichen Darbietung nahezu umkehrt. (Ritom-See der Schweizer Bundesbahnen in Parallelarbeit mit dem wenig speicherfähigen Werk Amsteg der Gotthardbahn.)

Der Speicher Edelschrott der Teigitschwerke (30 Millionen Kubikmeter nutzbarer Inhalt) soll das Verhältnis der kleineren Energiedarbietung der Teigitsch im Winter (18 Millionen Kilowattstunden) zur größeren Darbietung im Sommer (34 Millionen Kilowattstunden) in das Gegenteil (43 Millionen Kilowattstunden im Winter und 15 Millionen Kilowattstunden im Sommer) verwandeln.

Erst durch die Speicherwirtschaft wird die Energiebeschaffung durch Wasserkräfte frei von der Dissonanz zwischen menschlichem Energiebedarf und natürlicher Energiedarbietung, und so erscheint es denn verständlich, daß das Problem der Wasserspeicherung, das Ausfindigmachen von Speicherräumen in der Natur, die Wasserwirtschaft weitgehend beherrscht. Daß das in der Zeit der Wasserklemme vom Speicher abgegebene Wasser allen Unterliegern und dem Hauptfluß ebenfalls in Form einer Betriebswasseraufbesserung zugute kommt, erhöht nur die Bedeutung des Problems. (Auf die Erörterung des Gegenbeckens soll hier nicht eingegangen werden.)

Morphologisch hängt die Entstehung von Räumen, die sich zur Speicherung eignen, vielfach mit Fragen zusammen, welche sich auf das Gefälle des Wassers beziehen, weshalb die Speicherfrage besser zusammen mit dem „Gefälle" besprochen wird.

V. Gefälle und Speichermöglichkeiten (Allgemeines).

Die Anwendung des Parabelschemas eines Flußlaufes, mit starkem Gefälle im Oberlauf, mittlerem Gefälle im Mittellauf und schwachem Gefälle im Unterlauf, ist für Wasserkraftstudien an Alpenflüssen deshalb nicht zulässig, weil diese in ihrem Gefälle vielfach noch ganz unausgeglichen sind und auf Flachstrecken im Oberlauf, Steilstrecken im Mittellauf oft mit mehrmaliger Wiederholung folgen können.

Folgende Gruppen von Vorgängen bestimmen die Gefällsverhältnisse und die Bildung bzw. Zerstörung von Speicherräumen in den Gebieten der österreichischen Flüsse: 1. Die Tätigkeit der heutigen, jungen Erosion und Aufschüttung. 2. Die Tätigkeit der eiszeitlichen Vergletscherung. 3. Die Veränderung des am Beginn des Jungtertiärs gegebenen Bestandes an Landschaftsformen durch die Erosion im Jungtertiär. 4. Tektonische Vorgänge vom Jungtertiär bis zur Gegenwart, und zwar in erster Linie vertikale Verstellungen von ganzen Gebirgen und Teilen derselben. Es handelt sich deshalb beim Studium der Gefällsverhältnisse eines Flusses immer um die oft nicht einfach zu beantwortenden Fragen nach dem Anteil der heutigen Erosion und Aufschüttung an der Ausbildung des Flußlängenprofils, nach dem Anteile der Auswirkungen der Eiszeit, nach den Talresten aus dem Jungtertiär und nach den Vertikalverstellungen, welche das heutige Flußgebiet seit dem Jungtertiär betroffen haben.

Somit kann das Begreifen des Längenprofils eines Flusses von der Morphologie und Geologie des Flußgebietes nicht losgelöst werden.

Eine allgemeine Synthese der Gefälls- und Speicherverhältnisse der österreichischen Flüsse erscheint mir mit Rücksicht auf so viele, noch nicht abgeklärte Fragen in der Morphologie noch nicht ratsam, weshalb sich die folgende Darstellung vorläufig damit begnügt, einzelne Fälle herauszugreifen und deren Anwendungsmöglichkeit zur Erklärung mehrerer Beispiele heranzuziehen.

1. Nieder- und Mitteldruckanlagen auf jungen Schuttkegeln und auf Schotterfeldern.

Talverriegelungen durch Schotterkegel und Bergstürze (Bergsturzseen).

Die Schuttkegel, welche sich steile Seitentäler an ihrer Mündungsstelle in das Haupttal hinausbauen, sind in überaus zahlreichen Fällen Gegenstand der Kleinkraftnutzung. Da oft vielfach Dorfsiedlungen gerade auf den Schuttkegeln liegen, sind Kleinanlagen für die Beleuchtung und zum Antrieb von Mühlen, Sägewerken, Tischlereien, Wagnereien, Schlossereien usw. an solche Schuttkegel gebunden, die demnach in der Kleinkraftnutzung doch eine gewisse Rolle spielen. Bedeutungsvoller für die Wasserkraftnutzung sind die flachen Schuttkegel und Schotterfelder, welche die Flüsse beim Austritt aus den Alpen in die Ebenen des Vorlandes hinausgetragen haben. Auf der Flußkarte fallen diese Schotterfelder durch ihre Flußarmut als weiße Flecken auf, ähnlich den Kalkhochflächen. Das Schotterfeld der Mur, von Graz abwärts, das Wiener-Neustädter Steinfeld mit den Schotterfeldern der Schwarza, der Piesting und Triesting, die Welser Heide, sind Beispiele hiefür.

Als Beweis für das starke Gefälle von Schotterkegeln, sei der Piestingbach (Kalter Gang) angeführt, der bereits im Wiener Becken bei Blumau auf $4\ km$ Länge $30\ m$ Gefälle ($Q = 4\ m^3/sek$, $N = 1200$ P. S.) für die Wasserkraftnutzung erwirtschaften ließ.

Ähnliches zeigt die im Kehrbach abgeleitete Schwarza, die bei Wiener-Neustadt in den Kraftwerken Föhrenwald ($H = 16\cdot5\ m$, $Q = 5\ (8)\ m^3/sek$, $N = 1200$ P. S.; Brunnenfeld ($H = 15\ m$, $Q = 8$, $N = 1200$ P. S.); Akademie ($H = 10\ m$, $Q = 8\ m^3/sek$, $N = 800$ P. S.) und Ungarfeld ($H = 7\cdot5\ m$, $Q = 8\ m^3/sek$, $N = 600$ P. S.) auf $9\ km$ Bachlänge (das ungenützte Zwischenstück nicht mitgezählt) $49\ m$ Gefälle bei einer

Ausbeute von 3800 P. S. erwirtschaften ließ. Durch die langen (Blumau 4 *km*), ganz flach liegenden, eisenbewährten Betondruckrohrleitungen, wurden hier ganz eigenartige, in Österreich sonst nicht mehr anzutreffende Kraftwerkstypen geschaffen.

Die Mur tritt im Grazer Schotterfeld schon mit geringerem Gefälle aus den Alpen aus, sie läßt zwischen Liebenau unterhalb Graz und Werndorf bei Wildon (12·5 *km*) nur mehr 29 *m* Gefälle erwirtschaften. (Zweistufenprojekt der Steweag.) (Vgl. auch das Projekt „Untere Enns" der Oweag zwischen Steyr und Enns Nr. 53, $Q = 120 \ m^3/sek$, $H = 34 \ m$, $N = 45.000$ P. S., Baulänge 17 *km*, das Projekt „Hinterschweiger" an der Traun zwischen Lambach und Linz Nr. 80.)

Umgekehrt kann der Fall eintreten, daß ein Seitental dem Haupttal so große Schottermassen zuführt, daß das Gewässer des Haupttales dieselben nicht mehr abzuführen vermag. Zunächst wird das Gewässer des Haupttales an das der Einmündung des Seitentales gegenüberliegende Gehänge abgedrängt, wohl auch zu einem See gestaut, und zur Auflandung (oft Versumpfung) der nunmehr flach gewordenen früheren Steilstrecke des Haupttales gezwungen. Die Salzach vermag zwischen Krimml und Zell am Zee die Schottermassen ihrer Zubringer nicht mehr zu bewältigen, sie landet bereits auf, versumpft das Tal und macht Drainagen vielfach unwirksam, daher einzig wirksame Nachhilfe durch Baggerung und somit künstliche Eintiefung des Bettes. Ähnliches gilt vom oberen Ennstal, von Teilen des Paltentales, Gailtales usw.

Mächtige Halden von Gehängeschutt und besonders aber Bergstürze können ebensolche Flachstrecken und Speicherräume erzeugen (Bergsturzseen). (Der „Gstate Boden", der in Gstatterboden die Gesäusesteilstrecke der Enns zwischen Gesäuse-Eingang und Hieflau in zwei Teile unterteilt, ist eine derartige, durch einen Bergsturz erzeugte, von Schuttkegeln wilder Seitenbäche unterstützte Flachstrecke. Die versumpfte Flachstrecke des Talbaches unterhalb des Rissachsees bei Schladming wurde ebenfalls durch eine Talverriegelung, durch einen Bergsturz mit anschließender Seebildung und Verlandung des Sees erzeugt. Der „Grüne See" bei Tragöß [Lamingtal, Bruck a. d. Mur] ist ein Bergsturzsee usw.)

Die Überstauung solcher Flachstrecken zu Speicherräumen erfordert schwierige Fundierungen in der Bergsturzmasse selbst, die Benützung bestehender Bergsturzseen zur Wasserspeicherung durch bloße Absenkung geht dieser Schwierigkeit aus dem Wege.

Im Rahmen der gesamten Wasserkraftnutzung Österreichs kommt jedoch den hier geschilderten Erscheinungen keine ausschlaggebende Bedeutung zu, so wichtig sie auch für einzelne Fälle sind.

Für Fundierungs- und Stollenarbeiten bieten die vorstehend geschilderten Ablagerungen ungünstige Verhältnisse (Undichtigkeiten, geringe Standfestigkeit, geringe zulässige Belastungsdrucke), die Herstellung von Ober- und Unterwasserkanälen vollzieht sich in ihnen günstig. (Die Fundierung des Wehres „Unterföhrung" bei München an der Isar fand erst 14 *m* unterhalb des Isarspiegels standfeste Schichten; ähnliche Verhältnisse lagen beim „Mittleren Inn" vor.)

2. Eiszeitliche Wirkungen und Speicherräume.

Die für die Wasserkraftnutzung bedeutsamsten Wirkungen aus der Diluvialzeit liegen in der Schaffung von Räumen, die als bestehende Seen bereits natürliche Wasserspeicher sind, oder von Räumen, die sich wirtschaftlich gut überstauen und in künstliche Wasserspeicher umwandeln lassen. Aus dem eizeitlichen Formenschatz der Landoberfläche seien, als für die Wasserkraftnutzung interessant, folgende Formen kurz angeführt:

a) Die Karseen (Ursprungskare).

Von den auf der beiliegenden Karte eingezeichneten 580 österreichischen Seen liegt der größte Teil (310 Seen) wenige hundert Meter unter den Hauptwasserscheiden, die Gebirgskämme beiderseitig umsäumend. (Im Mur-Ennsgebiet wird die Kammlinie der Radstädter- und Rottenmanner Tauern von 178 Seen begleitet, davon 86 auf der Ennsseite, 92 auf der Murseite usw.) Die meisten dieser Seen sind Karseen, in Felsen eingetiefte rundliche Wannen mit einer felsigen Barre als Überlaufschwelle. Daran, daß die Austiefung der Karseen der diluvialen Vereisung zuzuschreiben ist, möchte ich trotz der Umstellung, die in Bezug auf die Ansichten über die Intensität der Gletschererosion in den letzten Jahren vielfach eingetreten ist, festhalten.

Für diese Stellungnahme sind folgende Erwägungen maßgebend:

Karseen wurden nur in solchen Gebieten angetroffen, die während des Diluviums nachweislich vergletschert waren; in jenem Teil der Ostalpen, welche im Diluvium keinen Gletscher getragen haben, fehlen die Karseen.

Eine Überlegung über die Verteilung der Reibungsarbeit an der Auflagerungsfläche des Gletschers bzw. Firns auf der Unterlage, läßt die Austiefung von Karseen durch Gletscher ebenfalls wahrscheinlich erscheinen. In der Abb. 14 wurde die Verteilung des Normaldruckes, den die Körperelemente auf die Unterlage ausübten, zur Darstellung gebracht, und unter den in dieser Abbildung gemachten Annahmen ergibt sich, soweit die Auflagerungsdrucke allein betrachtet werden, die stärkere Auskolkung des Untergrundes am Gefällsbruch ohneweiters.

Da die Verhältnisse der Abb. 16 willkürlich, wenn auch den natürlichen Verhältnissen nicht unähnlich gewählt worden sind, wurde weiters die un-

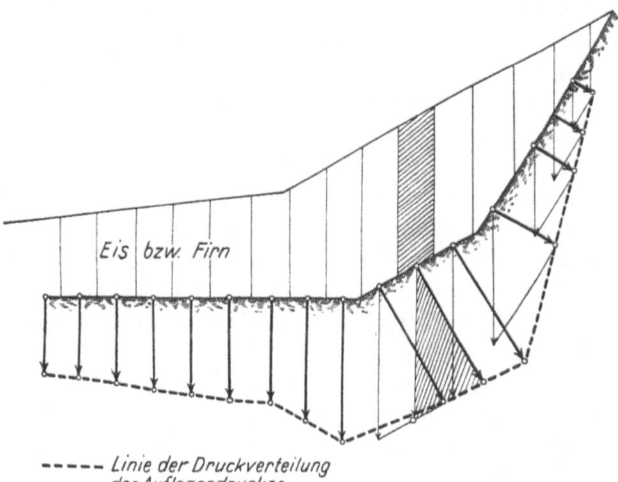

Abb. 16. Verteilung des Auflagerungsdruckes eines Gletschers bei veränderlicher Mächtigkeit und veränderlicher Neigung.

natürliche Annahme gemacht, daß die Masse des überlagernden Firns bzw. Eises für jedes Flächenelement gleich groß sei. Trotzdem diese Annahme schon deshalb zu ungünstig ist, weil Karseen Sammelbecken darstellen, das Profil 16 also in der Natur nicht parallel zu sich selbst verschoben werden darf, sondern, für den oberen Teil wenigstens, um eine Vertikale durch den Gefällsbruch gedreht werden muß, zeigt auch die ungünstige Annahme in Bezug auf die Druckverteilung folgendes: Konkave Gefällsbrüche werden (von der Luftseite her betrachtet) stärker eingetieft als gleichmäßig geneigte Strecken, konvexe Gefällsbrüche werden weniger eingetieft als gleichmäßig geneigte Strecken, und bei gleicher Mächtigkeit (und Dichte) ist der Normaldruck auf die Flächeneinheit der Unterlage unabhängig von der Neigung. Trotz der unnatürlichen und ungünstigen Verhältnisse (gleiche Mächtigkeit der Eis- bzw. Firnauflagerung) zeigt sich auch hier vom Standpunkte des Auflagerungsdruckes eine stärkere Vertiefung konkaver Gefällsbrüche und somit die Tendenz, rückläufige Gefälle, Wannen, auszukolken.

In dieser Erwägung wurde der Reibungskoeffizient noch nicht in Betracht gezogen. Derselbe hängt offenbar ausschlaggebend ab von der Menge des Gesteinsmaterials, das am Grunde des Gletschers fortbewegt wird und als Schleifmittel wirkt. Allerdings kann ein bereits weitgehend zu Sand und Schlamm aufgearbeitetes Gesteinsmaterial am Grunde des Gletschers, von der Rolle des Schleifmittels zu jener eines Schmiermittels übergehen, d. h. die Reibung kann die Unterlage schonen und sich wesentlich als innere Bewegung des Grundmoränenmaterials auswirken. Wenn somit die zweite, hier zu betrachtende Größe, der Reibungskoeffizient, nicht erfaßt werden kann, so beeinträchtigt dieser Mangel die Erfassung der Reibungsarbeit für den vorliegenden Fall deshalb wenig, weil es sich nur um Relativwerte handelt und kein Grund vorliegt, in einem räumlich so eng begrenzten Gebiete sprunghafte oder nur sehr bedeutende Änderungen des Reibungskoeffizienten anzunehmen.

Für die Abschätzung der Reibungsarbeit kommt noch in Betracht, daß die Karseen Sammelbecken darstellen, in denen eine Häufung der von den zum Kare konvergierenden Hängen niedersteigenden Eis- bzw. Firnmassen eintreten mußte, daß also hier durch den gleichen Durchflußquerschnitt in der Zeiteinheit eine größere Masse durchfließen mußte. Von der Unsicherheit im Reibungskoeffizienten abgesehen, führt die vorstehende Erwägung zum Schlusse, daß eine glaziale Vertiefung konkaver Gefällsbrüche, gesteigert durch die Massenansammlung in Karen, sehr gut zu einer Austiefung von Wannen geführt haben kann, die uns heute als Karseen begegnen.

Der größte Mangel des vorstehend gegebenen Erklärungsversuches liegt darin, daß stillschweigend vorausgesetzt worden ist, daß die Gletscherbewegung sich tatsächlich auf der Auflagerungsfläche des Gletschers, auf der Erdoberfläche vollziehe. Welchen quantitativen Anteil die Gleitvorgänge im Innern des Gletschers an seiner Fortbewegung unter wechselnden Gefällsverhältnissen haben, wurde nicht berücksichtigt. Es scheint aber dieses Moment für das wechselnde Verhalten eines Gletschers bei der Erosion des Untergrundes neben der wechselnden Rolle des Grundmoränenmaterials als Schleif- bzw. als Schmiermittel von recht wesentlichem Einfluß zu sein.

In wasserwirtschaftlicher Beziehung stehen die Karseen als Speicherbecken derzeit wohl nicht an erster Stelle, ihre Bedeutung ist aber immerhin groß.

Ihre Lage nahe am Kamm bedingt ein geringes Einzugsgebiet der Karseen, ein Nachteil, der in einzelnen Fällen durch die Kupplung mehrerer Karseen zu einem einzigen Speicher, bestehend aus mehreren kommunizierenden Becken, wettgemacht werden kann (Mühldorf). In anderen Fällen wieder (Fully, Rhonetal, Schweiz) wird der Stauinhalt eines Karsees einem anderen Karsee zugepumpt. Die Lage nahe am Gebirgskamm läßt auch verhältnismäßig kurze Stollenverbindungen von Karseen zu, die zu verschiedenen Seiten der Wasserscheide liegen.

Dem geringen Stauinhalt kommt das große Gefälle zwischen dem Karsee und den Haupttälern zu Hilfe, so daß überall dort, wo Karseen ihren Energieinhalt bis zum Haupttal abarbeiten können, die Möglichkeit sehr bedeutender Energiespeicherung gegeben ist. Hochdruckanlagen mit den allergrößten Gefällen entstehen auf diese Weise. (Fully, oberes Rhonetal, 1638 m Gefälle, in einer einzigen Stufe 3×12.000 P. S., Mühldorfer Seen in Kärnten, 1650 m Gefälle in fünf Stufen abzuarbeiten vorgesehen.) Infolgedessen wird unter sonst gleichen Umständen ein Karsee oder eine Gruppe von Karseen wasserwirtschaftlich um so wertvoller sein, je näher sie (horizontal gemessen) einem tiefen Haupttal liegen.

Bautechnisch bieten die Karseen die Annehmlichkeit, daß ihre Absenkung während der Bauzeit in der Regel durch kurze Stollen ohne Schwierigkeiten möglich ist, und daß die Überlaufschwelle, wohl immer in frischem, unzersetztem Fels eingesägt, eine ausgezeichnete Auflagerung für die Sperrmauer liefert. Für die Oberwasserführung kommen schon mit Rücksicht auf den Speicher nur Druckstollen oder Druckschächte in Betracht. Diesen günstigen Momenten stehen die hohe Lage der Karseen und damit die schwierige Erschließung des Terrains, sowie der kurze Bausommer als Nachteile gegenüber. Die größte Karseespeicheranlage, die sich derzeit in Österreich vorbereitet, benützt nach den Projekten des Ingenieurs Wallack in Klagenfurt eine Gruppe von 10 Kar-

Additional information of this book

(Die Wasserkraftnutzung in Osterreich; 978-3-662-27382-1; 978-3-662-27382-1_OSFO1)

is provided:

http://Extras.Springer.com

seen im Gebiete der „Hohen Leier", 2700 *m*, und des Radleck (2900 *m*) im unteren Mölltal in Kärnten, wobei die Karseen im Quellgebiete des Radlbaches (Lieserzubringer zwischen Spittal a. d. Drau und Gmünd) (Oberer Radlsee 2440 *m*, Mittlerer Radlsee 2370 *m*) durch die Wasserscheide, welche das Lieser- vom Möllgebiet trennt, hindurch mit den Karseen des Mühldorfer Baches vereinigt werden (Kleiner Mühldorfer See, 2345·9 *m*, Großer Mühldorfer See 2281 *m*). Außerdem wird noch im parallelen Nachbarbach eine Gruppe von sechs Seen (Hochalpensee 2365 *m*, Oberer Schwarzsee 2430 *m*, Unterer Schwarzsee 2409 *m*, Hoher Riekensee 2450 *m*, Kesselsee 2344 *m* und Quarzsee 2378 *m*) zur Wasserspeicherung im Gebiete des Rückenbaches herangezogen. Die Abarbeitung der oberen rund 1000 *m* Gefälle erfolgt nach den Projekten Ingenieur Wallacks zuerst in jedem Bach für sich und erst etwa in der Kote 1250 wird der Rückenbach zum Mühldorfer Bach übergeleitet und das Restgefälle von rund 600 *m* in beiden Bächen gemeinsamen Anlagen ausgenützt. (Vgl. Übersichtskarte 1 : 200.000.) Den sehr interessanten Studien des Herrn Ingenieur Wallack verdanke ich die Mitteilung, daß die erwähnte Seengruppe einen nutzbaren Speicherinhalt von 10·5 Millionen Kubikmetern mit einem Energieinhalt (1650 *m* Gefälle!) von 35·42 Millionen Kilowattstunden bei einmaliger Beckenfüllung darstellt, ein Ergebnis, das die Bedeutung, welche oft ganz unscheinbare Karseen erlangen können, deutlich genug erkennen läßt. Zur Ausnutzung der hier gegebenen Energiedarbietung sollen nach Wallack in acht Kraftanlagen, von denen die beiden untersten im Bau sind, im ganzen 40.300 P. S. installiert werden, was einem Arbeitsvermögen von rund 1000 installierten Pferdestärken pro Quadratkilometer Einzugsgebiet entspricht, ein Wert, der das betrachtete Gebiet als eines der spezifisch energiereichsten Gebiete der Ostalpen erscheinen läßt. Allerdings ist der Fall, daß ein junger Einbruch (unteres Mölltal) so nahe an den Hauptkamm des Gebirges heranreicht und Höhendifferenzen von 1650 *m* auf eine Horizontalentfernung von nur 6 *km* erzeugt, leider nicht sehr häufig (siehe Tafel I, Abb. 17).

b) Taltröge und Trogseen (einschließlich Durchgangskare).

Für die Erklärung der Rückläufigkeit mancher breiter Taltröge mit flacher Sohle und felsigem Abbruch zu einem tieferen Talboden wird nach der bei den Ursprungskaren gegebenen Anschauung ebenfalls die Glazialerosion herangezogen. Derartige flache Tröge, die oft noch einen mehr oder weniger jung zugeschütteten See enthalten (z. B. Rissachsee bei Schladming, Nr. 56, der Karte 1 : 600.000), eignen sich oft ganz ausgezeichnet für Zwecke der Wasserspeicherung. Ihre langgestreckten elliptischen Wannen fließen über Schwellen in frischem, unzersetztem Fels ab, das Einbinden der Sperrmauern und das Abdichten bieten in der Regel keine Schwierigkeiten, und einer Erhöhung der Staumauer um einen Meter entspricht in der Regel eine sehr beträchtliche Zunahme des nutzbaren Speicherraumes, so daß das Güteverhältnis η_3 (nach Dr. Ornig), das ist das Verhältnis des Staumauervolumens zum Volumen des nutzbaren Speicherinhaltes, für solche Speicheranlagen in der Regel ebenfalls ein recht günstiges ist. Im übrigen läßt sich das bei den Karseen Gesagte, für die Taltröge weitgehend wiederholen. Ihre wasserwirtschaftliche Bedeutung für die Überwindung der Winterwasserklemme ist eine ganz hervorragende, da dem doch meist 10 Millionen Kubikmeter erreichenden und oft übersteigenden Speicherinhalt in der Regel Gefälle von mehreren hundert Metern vorgelagert sind.

c) Inneralpine Moränenseen.

In dieser Gruppe werden vorläufig jene, wasserwirtschaftlich meiner Kenntnis nach nicht bedeutungsvollen, verlandeten oder wassererfüllten Seebecken zusammengefaßt, die dadurch entstanden sind, daß ein Talquerschnitt durch eine einem glazialen Rückzugsstadium entsprechende Moräne abgesperrt worden ist. Wasserwirtschaftlich und bautechnisch reiht sich diese Speichergruppe an die Bergsturzseen und an die Talverriegelungen durch seitliche Schuttkegel an.

Die zwischen den Wällen einer Moräne liegenden kleinen, wassererfüllten Mulden scheiden aus dieser Betrachtung überhaupt aus.

d) Alpenrand- und Alpenvorlandseen.

In dieser Gruppe sollen jene Seen kurz besprochen werden, die sich (um die wichtigsten Vertreter anzuführen) über Ammer-, Starnberg- und Chiemsee in Bayern zum Irrsee, Attersee, zum Traunsee auf nahezu dem gleichen Breitegrad reihen und den nördlichen Alpenrand begleiten. Im Sinne der Glazialgeologie wurden diese Seen als Reste jener viel bedeutenderen Seen aufgefaßt, welche die Zungenbecken der Moränenwälle der in das Alpenvorland vorstoßenden Gletscher erfüllten. Durch die Untersuchungen Alb. Heims, Albr. Pencks und Otto Ampferers ist jedoch festgestellt bzw. wahrscheinlich gemacht, daß ein isostatisches Rücksinken der Alpen während des Diluviums ein Rückläufigwerden der Talböden und somit ein Ertrinken von Tälern im Gefolge hatte. Einzeluntersuchungen über den Anteil der Moränenaufschüttung und über jenen des isostatischen Einsinkens der Alpen an der Ausbildung der Alpenrand- und Vorlandseen stehen für das österreichische Alpengebiet meines Wissens noch aus. Die hier angeführte Seengruppe ist wasserwirtschaftlich mehrfach von Interesse.

Da es sich um sehr große Seebecken handelt, bewirken Spiegelschwankungen von einem oder weniger als einem Meter schon Verschiebungen des Seeinhaltes von mehreren Millionen Kubikmetern. Intensive Uferbesiedelung und Rücksichtnahme auf Badeinteressen stehen allerdings größeren Spiegelschwankungen hindernd im Wege; von Aufstauungen über den normalen Hochwasserspiegel kann mit Rücksicht auf die Besiedelung in der Regel überhaupt nicht die Rede sein, und auch die Absenkungen müssen aus öffentlichen Rücksichten sich in bescheidenen Grenzen halten. Bei einer Oberfläche von mehreren Quadratkilometern, die diesen großen Wasserbecken zukommt, wird aber bereits mit geringen Spiegelschwankungen eine große Wassermenge verfügbar gemacht. Wasserwirtschaftlich sehr wertvoll ist auch die Klärung und Befreiung von Sickerstoffen, welche die Flüsse erfahren, welche diese Wasserbecken durchfließen.

Allerdings liegen unterhalb dieser Seen in der Regel nur mehr weitgehend ausgeglichene Flachstrecken der Flüsse, so daß trotz der großen, gespeicherten Wassermengen der Energieinhalt dieser Becken nicht so überragend ist, als es die Größe der Seen erwarten ließe. Zuweilen ist es auch möglich, einen seitwärts eines solchen Seerestes gelegenen Fluß durch entsprechend weit zurückgelegte Fassung des Flusses durch den See zu leiten und so den See als Speicherbecken einzuschalten (siehe Leitzach-Seehamer See der Leitzachwerke in Bayern und ähnliche Dispositionen im Drau-Wörthersee- und Lieser-Millstätter See-Projekt).

Soferne diese Seen von wasserreichen Flüssen durchflutet werden, bieten sie noch zwei weitere interessante Probleme, und zwar: a) das Zurückhalten bzw. Abebben katastrophaler Hochwasserwellen durch künstliche Regelung des Seespiegels, und b) die Beeinflussung der Oberflächentemperatur des Sees dadurch, daß man die Abflußstellen aus dem See tiefer verlegt und regelbar macht, und auf diese Weise die Badewasserschicht während der Sommermonate vor zu häufiger Erneuerung und damit vor zu starker Abkühlung durch den Fluß bewahrt.

Es greifen also hier drei Interessengruppen, und zwar: Hochwasserschutz, Wasserkraftnutzung und Fremdenverkehrs- bzw. Badeinteressen ineinander über, und wenn sich auch heute die Vertreter dieser Interessengruppen (siehe nächste Seengruppe) noch ablehnend zueinander verhalten, so ist zur Abklärung der Befürchtungen, welche gegen eine gemeinsame, vorteilhafte, gleichzeitige Lösung aller drei Aufgaben geltend gemacht worden sind, doch schon vieles beigetragen worden. Die Vereinigung von wasserwirtschaftlichen mit Fremdenverkehrsinteressen hat in der letzten Zeit in Oberbaurat J. Haßler einen eifrigen Vertreter gefunden. Beim Chiemsee ist man daran, die Winterleistung der an der Alz gelegenen Werke durch eine künstliche Regulierung des Seeabflusses zu erhöhen — an den Vorlandseen der österreichischen Alpen besteht noch keine analoge Anlage.

e) Seen in glazialen Seitenarmen.

Dieser Gruppe gehören wasserwirtschaftlich ganz außerordentlich wichtige Seebecken an, denen das Merkmal gemeinsam ist, daß ein Seitenarm eines Gletschers an ihrer Ausbildung wesentlichen Anteil hat. Der Hauptfluß liegt heute abseits des Seebeckens und es eröffnen sich für die Wasserkraftnutzung folgende zwei Möglichkeiten: a) Es gelingt, den Hauptfluß so zu fassen, daß er dem Seebecken künstlich zugeführt und an anderer Stelle wieder seinem Wildbett zurückgegeben wird (z. B. Durchleitung der Drau durch den Wörthersee, und etwas abgeändert, Durchleitung der Lieser durch den Millstätter See), oder b) man vermehrt nach Tunlichkeit auf künstlichem Wege das jetzige Einzugsgebiet des in einem glazialen Seitenarm gelegenen Seebeckens und führt den Seeabfluß auf dem wasserwirtschaftlich günstigsten Wege dem Haupttal zu. (Achensee in Tirol, Weißensee in Kärnten.) Die unter a) gegebene Lösung wird in Kärnten beim Wörthersee und etwas variiert beim Millstätter See dadurch angestrebt, daß man beim Wörthersee (Nr. 348 der Karte) die Drau durch den See leiten, beim Millstätter See (Nr. 355 der Karte) die Lieser in den See führen will. (Siehe Tafel V, Übersichtskarte.) Der Forstsee in Kärnten (Nr. 131 der Karte) wird bei Vollausbau ein ähnliches Ausbauschema bieten.

Hiebei ergeben sich sowohl an der Einlaufstelle in den See, bei Velden am Wörthersee, bzw. zwischen Seeboden und Millstatt, als auch an der Rückgabestelle des Flusses in sein Wildbett (unterhalb Maria Rain im Rosental, bzw. bei Rotenthurn), Kraftnutzungsmöglichkeiten.

Bedenkt man, daß es sich hier um Seebecken von vielen Quadratkilometern Oberfläche, also um Speicherräume von vielen hundert Millionen Kubikmetern handelt, und daß mächtige Alpenflüsse der Type I (Drau, Lieser, eventuell noch Möll) mit sehr großen Einzugsgebieten in diesen großen Speicherbecken vergleichmäßigt werden könnten, so ergibt sich trotz der verhältnismäßig nicht sehr bedeutenden Gefälle zwischen Entnahme- und Rückgabestelle des Wassers ein Ausblick auf ganz bedeutende ständige Leistungen und auf geradezu außergewöhnlich hohe Spitzenleistungen.

Durch die intensive Besiedlung der Seen verbieten sich aber weitgehende künstliche Spiegelschwankungen und die Besorgnis, daß eine Herabminderung der Sommertemperatur des Seewassers, seine Trübung durch „Gletschermilch" und (im Falle der Drauzuleitung) seine Beladung mit Keimen aus den Abwässern (der Stadt Villach) eintreten und den See als Badesee entwerten könnten, hat einen kräftigen Widerstand gegen die Heranziehung, besonders des Wörthersees, zur Wasserkraftnutzung ausgelöst.

Wenn auch zu erwarten steht, daß sowohl Laboratoriumsversuche als auch Messungen und Untersuchungen an natürlichen und künstlichen Speichern, welche ähnliche Bedingungen der Durchflutung aufweisen, immer mehr Material zusammentragen, welches geeignet ist, die vorgebrachten Bedenken zu zerstreuen, so wird doch eine volle Ausnutzung des Speicherraumes in dem Umfange, wie ihn die Natur unter diesen selten günstigen Bedingungen darbietet, nie möglich sein, weshalb der wasserwirtschaftliche Wert dieser Speicherbecken kleiner ist, als er auf den ersten Blick, ohne Bedachtnahme auf die vorhandenen Siedlungsinteressen, erscheint. (Die Durchleitung der Isar durch den Walchensee und die Rückführung durch das Loisachtalbett in Bayern, stellt eine der Vollendung entgegengehende ähnliche Lösung dar. Vgl. Karte, See Nr. 622.)

Bei dem tektonisch vorgezeichneten und glazial vertieften Weißensee in Kärnten (910 m Seehöhe, 300 m über der Drau gelegen, Nr. 370 der Karte) und bei dem in einer älteren glazialen Aufschüttung eingetieften Achensee in Tirol (929 *m* Seehöhe, 400 *m* über dem Inn gelegen, Nr. 589 der Karte) ist es wirtschaftlich nicht mehr möglich, den Hauptfluß (Drau bzw. Inn) durch das Seebecken zu leiten. Man ist also hier auf den Wasserhaushalt des den Seen eigenen Einzugsgebietes beschränkt, wobei in beiden Fällen die Möglichkeit gegeben ist, in verhältnismäßig billiger Weise, durch künstliche Eingriffe, fremde Einzugsgebiete dem See zu unterwerfen und auf diese Weise größere Wassermengen der Speicherung zuzuführen. (Achensee: Zuführung des Unteraubaches und des Ampelsbaches; Weißensee: Zuführung des Tschernie-Keimer-Baches und des Seebaches, mit sekundären Speichermöglichkeiten sowohl im Ampelsbach als auch im Seebach.)

Was die beiden Seen aber zu den wertvollsten Energiespeichern Österreichs macht, das ist einerseits die Absenkungsmöglichkeit, die nur durch den Wasserzufluß aus dem künstlich erweiterten Einzugsgebiete begrenzt ist, und die immerhin bedeutende Höhenlage über dem tiefen Haupttal. (Achensee 400 *m* über dem Inntal, Weißensee 300 *m* über dem Drautal.) Dabei wird das Haupttal durch Stollen, deren Länge 4 *km* nicht übersteigt, erreicht, die Baulänge der Kraftanlagen erscheint also gering. Die Weiträumigkeit der Seebecken liefert beim Achensee 36·4 Millionen Kubikmeter bei einer Absenkung von 5 *m*, und 66·6 Millionen Kubikmeter bei 10 *m* Absenkung. Der Weißensee ergibt Ziffern ähnlicher Größenordnung. Die Bedachtnahme auf andere Interessen fällt hier nicht so ins Gewicht wie beim Wörthersee oder Millstätter See, und bei entsprechend tief gelegener Wasserentnahme kann vielmehr erwartet werden, daß der Wert des Achen- und des Weißensees als Badeseen durch die Wasserkraftnutzung gegenüber dem jetzigen Zustande steigen wird, weil die Badewasserschicht recht gut vor zu häufiger Erneuerung und damit vor Abkühlung bewahrt werden kann.

So treffen denn bei diesen beiden Seen eine Reihe natürlicher Umstände zusammen (Weiträumigkeit der Becken, verhältnismäßig große Einzugsgebiete, die leicht noch erweitert werden können, Hochlage gegenüber dem in nur rund 4 *km* Entfernung vorbeiziehenden Haupttal, verhältnismäßig günstige Lage zu bestehenden Bahnen und Straßen, also geringe Kosten der Erschließung des Bauterrains), welche den beiden Seen eine Bedeutung verleihen, die weit über den Rahmen der Energieversorgung der engeren Nachbargebiete hinausreicht, und welche diese Seen geeignet erscheinen läßt, die Winterklemme einer stattlichen Zahl von Freilaufwerken überwinden zu helfen. Da dem Weißensee noch die weiter oben besprochene, den Karseen angehörende Gruppe der Mühldorfer Seen mit ihrem, vor allem infolge der Höhenlage so bedeutenden speicherfähigen Energieinhalt benachbart liegt, ergeben sich für Kärnten Überwindungsmöglichkeiten der winterlichen Wasserklemme, die weit über den Rahmen dessen hinausgehen, was die derzeit bestehenden Freilaufwerke an Winteraushilfe benötigen. Erwähnt man daneben nur noch die im Millstätter und Wörthersee vorliegenden Speichermöglichkeiten, so ergibt sich ein Gesamtbild, das Kärnten, vom Standpunkt der hydraulischen Energiespeicherung, als das von der Natur am meisten bevorzugte Bundesland Österreichs erscheinen läßt.

Der vorstehend gegebene Überblick über die Beziehung zwischen diluvialen Gletscherwirkungen und Speichermöglichkeiten läßt erkennen, daß die glazialen Austiefungen der Kare und Tröge im festen Felsen und das Aufschürfen von Wannen in losen Ablagerungen sowie die Moränen- und Zungenbeckenseen jene Räume darstellen, die wasserwirtschaftlich als Speicherräume für Österreich in erster Linie in Betracht kommen. Bei den Alpenrandseen spielt neben der Aufschüttung von Moränenwällen noch die diluviale, isostatische Rücksenkung eine gewisse Rolle.

Neben den hier geschilderten Speichermöglichkeiten werden weiter unten noch solche Speicherräume angeführt, an deren Anlage und Ausbildung die Glazialerscheinungen keinen Anteil haben, und die sich, allgemein ausgedrückt, dadurch ergeben, daß eine mehr oder weniger hoch gelegene, flache, tertiäre Landschaft durch Erosion angeschnitten wird. (Siehe Erlauf, Große Mühl usw.)

3. Gefälle und Speichermöglichkeiten in zentralalpinen Quertälern.

Die Anlage der zentralalpinen Quertäler und grundlegende Eigenschaften ihres Längenprofils wurden bereits im Tertiär geschaffen. In etwas roher Vereinfachung lassen sich die hier in Betracht kommenden Täler im Längenprofil durch folgendes Schema darstellen (Abb. 18). Das erste Formenelement (I der Abb. 18) umfaßt die Hochgebirgsformen der zentralen Kämme, die auch zur Zeit der stärksten Vereisung teilweise aus der Firnbedeckung hervorragten.

Die Wasserkraftnutzung meidet dieses für Bauführungen schwer zugängliche erste Formenelement, dessen Niederschläge sich an viel günstigerer Stelle erfassen lassen.

In Höhenlagen von etwas über 2000 m setzen an die Hochgebirgsformen verhältnismäßig flache Formenelemente an, deren Ergänzung aus den vorhandenen Resten zu einer Oberfläche von sehr schwachem Relief führt. Es ist dies das „Firnfeldniveau" v. Creutzburgs. Diese relative Ebenheit wurde von den Hohen Tauern bis zur Sau- und Koralpe verfolgt und in den „Kalkhochflächen mit Augensteinen" der nördlichen Kalkalpen in ansehnlichen Resten wiedergefunden. Das untermiozäne Alter dieser Landschaftsform scheint aus zahlreichen, weit voneinander abliegenden Beweisführungen sichergestellt.

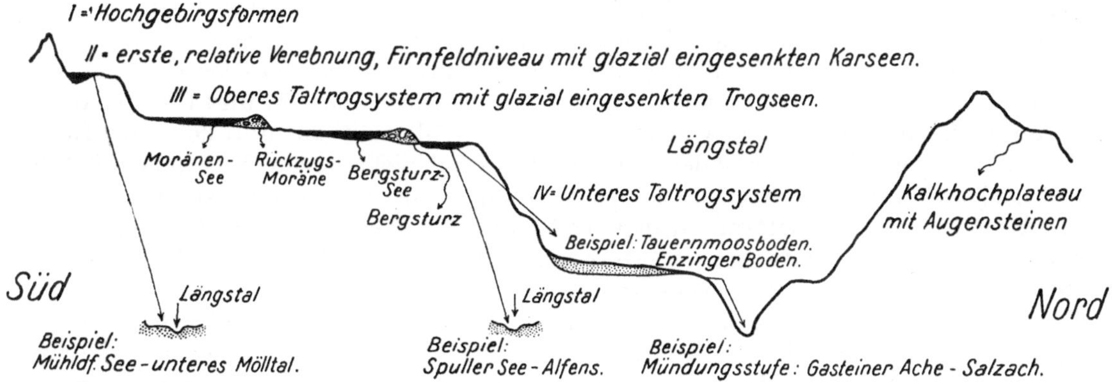

Abb. 18. Wasserkraft-Nutzung und Speichermöglichkeiten in einem schematischen Querprofil durch ein Ostalpen-Tal.

Auf dieser Altform erfolgte die Entwässerung von den Zentralkämmen aus über die nördlichen Kalkalpen hinweg (Augensteine = zentralalpine Flußgerölle auf den Kalkhochflächen), die Einkerbung der alpinen Längstäler war noch nicht als durchlaufende Längsfurche vorhanden. Wasserwirtschaftlich sind die ausgedehnten Reste dieser alten Verebnungen in den nördlichen Kalkalpen deshalb interessant, weil sie die sehr wertvollen Einzugsgebiete für die an ihrem Fuße austretenden Quellen (Gruppe Karstflüsse) bilden. Im zentralen Teil der Ostalpen ist die flächenhafte Ausdehnung dieser relativen Verebnung allerdings gering, was sie aber wasserwirtschaftlich sehr wertvoll macht, ist die Tatsache, daß in diese Verebnungen die Karseen (Ursprungskare) glazial eingesenkt worden sind.

Als drittes Element im Längenprofil eines zentralalpinen Quertales stellt sich einige hundert Meter unter dem „Firnfeldniveau", bzw. unter dem See des Ursprungskars, der Boden des „Oberen Taltroges" ein. Die Anlage des Talsystems, dem der obere Taltrog angehört, erfolgte ebenfalls noch vorglazial (rückschreitende Erosion von einer tieferliegenden Erosionsbasis aus); die Ausbildung der heutigen Form ist der Hauptsache nach ein Produkt der Eiszeit. Steile, nur spärlich mit Rasen bedeckte Felswände vermitteln **die** Verbindung zwischen Karsee und Trogboden und bieten der Wasserkraftnutzung eine erste Steilstufe mit dahinterliegender Speichermöglichkeit.

Der Boden des Troges bietet wohl auch immer Raum zur Anlage eines die Raumbedürfnisse eines „Gegenbeckens" übersteigenden Speichers, soferne nicht Moränenseen aus einem glazialen Rückzugsstadium, oder Bergsturzseen natürliche Speicher darbieten.

Die Sohle des oberen Taltroges bricht talabwärts wieder am Rand einer Stufe ab, die zum nächsten Formenelement, dem (IV.) unteren Taltrog leitet, dessen Anlage ebenfalls noch ins oberste Tertiär fällt, dessen heutige Formengestaltung durch glaziale Erosion und Aufschüttung (Moränen) und durch Bergstürze, Gehängeschutt- und Bachschuttkegel oft stark beeinflußt ist.

Die zwischen dem oberen und dem unteren Taltrog gelegene Steilstrecke, die in der Regel auch als Wasserfallstrecke ausgebildet ist, bietet die zweite Möglichkeit der Groß‑wasserkraftnutzung dar, die der obersten Stufe wirtschaftlich oft überlegen ist, weil sie von der obersten Stufe die Speicherung übernimmt, dazu aber infolge des größeren Einzugsgebietes (einmündende Seitentäler) bereits über eine größere sekundliche Zuflußmenge verfügt. Auch die bauliche Erschließung dieser zweiten Stufe ist einfacher und billiger als jene der obersten Anlage. Der untere Taltrog erscheint heute vielfach als Hochtal, das durch eine Mündungsstufe in das Haupttal abstürzt. (V des Schemas, Abb. 18.)

Diese den Verkehrsmitteln zunächstgelegene, wasserreichste Wasserfall- oder Klammstrecke im Längenprofil des Quertales bietet die dritte Möglichkeit zur Großwasserkraftnutzung, die in den Hohen Tauern bereits mehrfach ausgenützt wird. Allerdings wird die Mündungsstufe, obschon sie eine völlig einheitliche Naturerscheinung ist, in der österreichischen Wasserkraftnutzung öfters zerschnitten. (Das Kraftwerk Lend setzt am unteren, steilsten Teil der Mündungsstufe der Gasteiner Ache ein und läßt den oberen Teil der Stufe ungenützt; siehe Wasserkraftkataster, Blatt Nr. 268 und 269, und Tafel I, Abb. 17. Die beiden Kraftwerke der Stern- und Hafferl-Elektrizitäts A. G. im Groß-Arltal zerschneiden ebenfalls die Steilstrecke der Großen Arl in zwei Stufen, so zwar, daß das obere Krafthaus in eine schwer zugängliche Schlucht gestellt ist. Auch bei dem im Bau befindlichen Mallnitz-Kraftwerk der österreichischen Bundesbahnen wird die Mallnitztal-Mölltalstufe in zwei Kraftanlagen ausgenützt, anstatt in einer. (Tafel I, Abb. 17.) Nur zum Teil läßt sich dieses Zerstücken der Stufenstrecken durch die Rücksichtnahme auf Zubringer, die im Laufe der Stufe noch einmünden (Dössener Bach unterhalb Mallnitz), und deren Zuführung zur Oberwasserführung der Einheitsanlagen man vermeiden wollte, erklären. Immer im Bilde des vorstehend beschriebenen Schemas steht demnach vom Niveau der Karseen bis zur Erosionsbasis der zentralalpinen Quertäler, d. h. bis zum Längstal, ein Bruttogefälle in der Größenordnung von etwa 1500 m bis 2000 m zur Verfügung. Ein Teil davon wird in den Flachstrecken der Trogböden verbraucht, so daß in den Steilstrecken zusammen noch immer mehr als tausend Meter an Gefälle übrig bleiben.

Ist nun das Längstal so nahe am „Hochgebirge" (Formenelement I des Schemas, Abb. 18) eingeschnitten, daß die Reste des Firnfeldniveaus und die Karseen ganz nahe an das Längstal zu liegen kommen (Lage A des Schemas), so könnte die Summe der drei Stufen ohne Unterbrechung in einer Anlage abgearbeitet werden. (Die Anlage Mühldorfer-Seen-Unteres Mölltal, 1650 m Gefälle, nähert sich diesem Falle.) Liegt das Längstal so nahe den Hochgebirgsformen, daß das obere Trogsystem und die in diesem eingesenkten Durchgangskare direkt zum Längstal abstürzen (Lage B des Schemas, Abb. 18), dann ergeben sich Fallhöhen, die mindestens der Summe zweier Stufen gleich sind. (Spullersee, 800 m Gefälle.) Schneidet endlich das Längstal direkt in die Hochgebirgsformen ein, so entfällt trotz der bedeutenden Höhen die Wasserkraftnutzung, weil der Höhe kein Einzugsgebiet zur Seite steht. (Rechte Seite des Schemas, Abb. 18.) Das vorstehend gegebene Schema ist vielleicht eine etwas zu rohe Vereinfachung der wechselvoll gestalteten Gefällserscheinungen in den zentralalpinen Quertälern. Manche Gefällstufe wird sich überhaupt nur individuell erklären lassen. Auch der oft weitgehenden Verschüttung der Täler, die uns den Felsuntergrund verschleiert, wurde in diesem Schema nicht Rechnung getragen.

4. Gefälle und Speichermöglichkeiten in alpinen Längstälern.

Während in den alpinen Quertälern oft mit einem Kilometer Baulänge der Oberwasserführung Bruttogefälle von 100 *m* und an besonders bevorzugten Stellen selbst von 400 *m* (siehe Tafel I, Abb. 17 an den Beispielen Mühldorfer Bach, Stubach, ferner Spullersee usw.) erwirtschaftet werden können, erreicht die Wasserkraftnutzung an den Flüssen der Längstäler nur etwa 2 bis 5 *m* Bruttogefälle pro Kilometer Baulänge der Oberwasserführung. Der ausschlaggebende Wertfaktor der Wasserkraftnutzung in Längstalflüssen liegt eben nicht im Gefälle, sondern in den großen Wassermengen. Dazu kommen noch die leichte Zugänglichkeit der Baustellen (Straßen, Eisenbahnen) und der lange „Bausommer".

Nachstehend folgen einige Angaben über Gefälle von Längs- und Quertalflüssen in den österreichischen Alpen, welche das vorstehend Gesagte ziffernmäßig ausdrücken und die zuweilen nahezu hundertfache Überlegenheit der Gefälle der Quertalflüsse aufzeigen.

Name des Flusses	Oberer	Unterer	Horizontal-entfernung der beiden Pegelstellen in Flußkilometern	Höhendifferenz der beiden Pegelstellen in Metern	Gefälle in Metern auf 1 *km* Flußlänge	
	Pegel bei					
Inn	Martinsbruck (Schweizer Grenze) 1029 *m* Seehöhe bei Flußkilometer 419·6	Unterhalb Kufstein beim Austritt des Inn nach Bayern 459·3 *m* Seehöhe bei Flußkilometer 204·3	215·3	569·7	2·64 Mittellauf	Längstäler
Mur	Einmündung des Rotgüldenbaches in 1285 *m* Seehöhe bei Flußkilometer 361·9	Einmündung des Pölsbaches bei Zeltweg in 650 *m* Seehöhe bei Flußkilometer 227·34	134·56	635	4·7 Oberlauf	
Drau	Einmündung des Sextenbaches bei Innichen 1170 *m* Seehöhe bei Flußkilometer 412·05	Einmündung der Gail unterhalb Villach in 483 *m* Seehöhe bei Flußkilometer 252·9	159·15	687	4·3 Oberlauf	
Salzach	Einmündung der Krimmler Ache in 890 *m* Seehöhe (geschätzt) bei Flußkilometer 214·66 (geschätzt)	Einmündung der Lammer unterhalb Paß Lueg in 467 *m* Seehöhe bei Flußkilometer 95·66	119	423	3·5 Ober- und Mittellauf	
Enns	Südlich Flachau in 1009 *m* Seehöhe bei Flußkilometer 248·80	Einmündung des Erzbaches bei Hieflau in 476 *m* Seehöhe bei Flußkilometer 113 (geschätzt)	135·8	533	3·9 Ober- und größter Teil des Mittellaufes	
Mühldorfer Bach (Draugebiet)	Mühldorfer See in 2310 *m* Seehöhe bei Flußkilometer 8·1	Einmündung in die Möll in 580 *m* Seehöhe bei Flußkilometer 0·0	8·1	1730	213·8	Quertäler
Spreubach (Spuller See-Abfluß) Rheingebiet	Spuller-See in 1800 *m* Seehöhe bei Flußkilometer 4·1	Einmündung in die Alfenz in 990 *m* Seehöhe bei Flußkilometer 0·0	4·1	810	197·3	
Stubach-Tauernmoosbach	Tauernmoosboden in 1990 *m* Seehöhe bei Flußkilometer 17·52	Einmündung in die Salzach in 775 *m* Seehöhe bei Flußkilometer 0·0	17·52	1215	69·4	

Auch scheint bei flüchtiger Betrachtung eine Speichermöglichkeit in Längstälern ausgeschlossen, wenn man von dem Speicher absieht, der auf der Wasserseite des Wehrs und im Oberwasserkanal gegeben ist. Die nachstehend gegebenen Gefälle der Längstalflüsse stellen Mittelwerte aus über 100 km langen Flußstrecken dar. Eine in die Einzelheiten gehende Betrachtung der Längenprofile zeigt jedoch, daß sich auch in Längstälern Gefälle bis zu $11^0/_{00}$ erwirtschaften lassen, die entweder in Teilen der Flußstrecke enthalten sind oder die sich dadurch ergeben, daß die künstliche Wasserführung den Weg des Wildbettes abkürzt. Auf die Einschaltung von Seen in die Wasserkraftnutzung an Längstalflüssen wurde schon oben hingewiesen. (Drau-Wörthersee-Projekt u. a.) Hiebei fällt dem See einerseits die Rolle des Speichers zu, anderseits dient seine Längserstreckung zugleich der Oberwasserführung des unteren Werkes, so daß der See gegenüber dem Flußbett auch das Gefälle für die untere Anlage vermehren hilft.

Es handelt sich somit bei der Wasserkraftnutzung in Längstälern in erster Linie darum, im Flußlängenprofil die wertvollen Steilstrecken von zum Teil derzeit wertlosen Flachstrecken auszuscheiden.

Während sich im Längenprofil der Quertäler die Talgeschichte weitgehend abbildet (vgl. Schema, Abb. 18), sagt das bloße Längenprofil eines Längstalflusses über die ältere Talgeschichte wenig aus. Lage und Richtung der Längstäler sind tektonisch vorgezeichnet, und im wesentlichen seit der Bildung der ersten Längskerben erhalten geblieben. (Gaillinie, Draulinie als hochbedeutsame tektonische Linien, System der Mur-Mürz-Senke. Das Tertiär am linken Ennsufer bei Wörschach, Steinach usw. in rund 700 m Seehöhe, und jenes am Stoderzinken in 1700 m Seehöhe, sprechen ebenfalls für eine tektonische Anlage der Salzach-Enns-Linie.)

Das Schwanken der Erosionsbasis im Alpenvorland kommt aber im heutigen Längenprofil durch keine Stufe mehr zum Ausdruck. Die oft auf lange Strecken anhaltende Einförmigkeit im Gefälle der Längstäler hat vor allem darin ihren Grund, daß der weitaus größte Teil der Längstalflüsse auf mächtigen Lagen der eigenen Schotter fließt und das ursprüngliche Felsbett tief unter der heutigen Talsohle liegt. (Die Mächtigkeit der Schotter und Sande unter der heutigen Inntalsohle bei Hall in Tirol beträgt nach Ampferer über 200 m.)

Auf diesen Schotterstrecken hat der ursprüngliche Formenbestand des Längstales keinen Einfluß mehr auf das Gefälle.

Für die Entwicklung von Steilstrecken in Längstälern kommen vor allem die drei folgenden Erscheinungen in Betracht (vgl. Tafel II, Abb. 19):

a) Talverschüttungen durch die Schuttkegel seitlicher Zubringer, wie sie im Eingange des dritten Kapitels erwähnt worden sind. Die so erzeugten Steilstrecken dehnen sich nur über geringe Längen aus, weil ja der Einfluß des Schuttkegels in der Richtung flußabwärts nicht lange währt und flußaufwärts eine Verflachung gegenüber dem ursprünglichen Zustand geschaffen wird.

b) Junge (interglaziale) Talverbiegungen und c) Richtungsänderungen des Längstales beim Durchbruch durch die Alpen oder bei Talverlegungen, hervorgerufen durch rückschreitende Erosion eines energievolleren Nachbars.

Die unter b) und c) angeführten Erscheinungen seien an einigen Beispielen erörtert.

Die **Enns** hat in ihrem Oberlauf ein außerordentlich schwaches Gefälle. In der Gegend der Eisenbahnstation Mandling fließt sie mit nur etwas über $1^0/_{00}$ Gefälle dahin, die Torfbildung im nassen Talboden begünstigend. Aber selbst im weiteren Oberlauf zwischen Radstadt (Kote der Enns 826 m) und dem Orte Flachau (11 km von Radstadt, Ennskote 894 m), fließt die Enns nur mit etwas über $6^0/_{00}$ dahin, ein Wert, der für einen alpinen Flußoberlauf so nahe am Ursprungsgebiet als äußerst gering zu bezeichnen ist.

Diese Flachstrecke erhält beim Mandlingpaß, zugleich mit der Talverengung, einen Knick und zwischen der Mündung des Mandlingbaches und jener des Talbaches bei Schladming (9 km) bringt die Enns 70 m Gefälle ein ($7\cdot7^0/_{00}$).

Additional information of this book

(Die Wasserkraftnutzung in Osterreich; 978-3-662-27382-1; 978-3-662-27382-1_OSFO2)

is provided:

http://Extras.Springer.com

Von Schladming flußabwärts verflacht sich die Enns wieder, wie schon die Torf-
stiche im Ennstal bei Wörschach, Selztal und Admont erkennen lassen. Zwischen der Mündung des Sölkbaches (654 m) und jener des Paltenbaches (621·5 m) bei Selztal überwindet
die Enns auf 41 km Flußlänge nur ein Gefälle von 32·5 m (0·79$^0/_{00}$). Mit diesem, für einen
Fluß innerhalb der Alpen unerhört geringen Gefälle durchfließt die Enns das Becken von
Admont, um beim Gesäuseeingang in die große Steilstrecke des Gesäuses einzu-
treten, das sie mit 7·3$^0/_{00}$ bis Hieflau (124 m Gefälle) auf 17 km Flußlänge, durcheilt.

Da in dieser Steilstrecke gleichzeitig der Querdurchbruch durch die Alpen erfolgt,
ergibt sich die Möglichkeit, bei der künstlichen Oberwasserführung den Bogen des Flußlaufes durch die Sehne abzuschneiden, und selbst unter Benützung eines Umweges, der
den Zweck hat, Speicherräume in die Oberwasserführung einzuschalten, durch 17 km
Oberwasserstollen rund 200 m Gefälle zu erwirtschaften. Dieser Fall, daß ein Längstalfluß
in einer einzigen Stufe von 200 m Gefälle ausgenützt werden kann, steht in seiner Groß-
artigkeit in den Alpen einzig da. Somit gibt der Ennslauf folgendes Bild:

1. Abschnitt: Der Oberlauf, oberhalb des Mandling-Passes ist wasserwirtschaftlich
nicht interessant.

2. Abschnitt: Der Oberlauf zwischen Mandlingpaß und Schladming gibt eine 9 km
lange Strecke mit beachtenswertem Gefälle.

3. Der Mittellauf zwischen Schladming und Admont ist wasserwirtschaftlich derzeit
wertlos.

4. Der Mittellauf zwischen Gesäuseeingang und Weißenbach-St.-Gallen bietet als
Steilstrecke die großartigste Wasserkraftnutzung, die es an alpinen Längstälern überhaupt gibt.

5. Der Unterlauf bis zur Einmündung in die Donau weist keine Besonderheiten auf.
(Siehe Projekte Sand, Ternberg und Steyr-Enns im folgenden Kapitel.)

Der Lauf der **Salzach** zeigt ein dem Ennslauf ähnliches Verhalten, auch hier folgt
auf (1.) eine obere Flachstrecke eine (2.) Steilstrecke, dann wieder (3.) eine Flachstrecke
und im Alpendurchbruch abermals (4.) eine Steilstrecke, die dann vom (5.) Unterlauf
mit normalen Gefällsverhältnissen abgelöst wird. Die Salzach fließt im breiten Trog des
Pinzgaues mit sehr geringem Gefälle dahin, sie bringt zwischen der Einmündung des
Hollersbachtales (800 m Seehöhe) und der Einmündung des Fuschertales (750 m
Seehöhe), unweit Zell am See, auf 33 km Flußlänge nur 50 m Gefälle ein (1·5$^0/_{00}$). Dem
breiten Tal des Oberlaufes, der durch sein geringes Gefälle und seine mächtige Schotter-
zufuhr aus den Seitentälern wasserwirtschaftlich entwertet wird, folgt, flußabwärts analog
den Verhältnissen an der Enns, bei Taxenbach die schluchtartige Verengung des bisher
breiten Tales und der Durchbruch der Salzach in einer Steilstrecke, die sich erst bei
St. Johann im Pongau, mit der Einmündung des Klein-Arltales verflacht. Daß in dieser
Steilstrecke die Salzach rascher in die Tiefe sägt als ihre seitlichen Zubringer (Rauriser
Ache, Gasteiner Ache) geht daraus hervor, daß die genannten Achen ohne Mündungs-
boden sich über felsige Mündungsstufen in den Hauptfluß stürzen, während die oberhalb
und unterhalb der Steilstrecke liegenden Zubringer sich doch mehr oder weniger aus-
gedehnte Mündungsböden geschaffen haben. Die Salzachsteilstrecke zwischen Taxenbach und St. Johann im Pongau hat eine Länge von ungefähr 27 km bei einem Gefälle
von 7·4$^0/_{00}$ (Höhenunterschied rund 200 m). Ihrer einheitlichen Ausnützung als Kraft-
quelle steht die Erscheinung hinderlich im Wege, daß gerade im Zuge der Steilstrecke
sehr wertvolle Zubringer (Rauriser Ache, Gasteiner Ache, Große Arl, Kleine Arl und
Dientener Bach) sich in die Salzach ergießen, deren Wasser einer einheitlichen Oberwasserführung der Salzach nicht zugeführt werden kann, weil die besten Zubringer (Gasteiner
Ache, Rauriser Ache und Große Arl) in ihren Mündungsstufen bereits für Kraftzwecke
ausgebaut sind (vgl. Übersichtskarte). Immerhin birgt diese Steilstrecke noch wertvolle
Möglichkeiten der Großkraftnutzung. Es ist somit der Salzachdurchbruch bei Taxenbach
dem Ennsdurchbruch beim Mandlingpaß sowohl in bezug auf die Wassermengen als auch

auf die Gefälle, und auch in Bezug auf die Länge der Durchbruchstrecke weit überlegen. In beiden Fällen handelt es sich aber um die gleiche Erscheinung einer jungen Talverbiegung.

Bei St. Johann im Pongau (Einmündung der Kleinen Arl) verflacht die Salzach wieder, und auf der 12·4 km langen Strecke bis zur Einmündung des Fritzbaches nördlich von Bischofshofen verbraucht die Salzach nur 20 m Gefälle, fällt also nur mit 1·6⁰/₀₀. Erst vom Fritzbach an setzt im Längenprofil der Salzach ihr Durchbruch durch die Alpen ein. Aber diese in der Natur durch die wilde Felsschlucht des Paß Lueg ausgebildete Durchbruchstrecke, deren Enge nicht einmal der Eisenbahn neben Fluß und Straße noch Raum bietet, bedeutet für das Längenprofil recht wenig. Die 21·33 km lange Strecke zwischen Fritzbachmündung nördlich Bischofshofen und Lammermündung bei Golling weist nur einen Höhenunterschied der Endpunkte von 63 m, d. h. ein Gefälle von 2·95⁰/₀₀ auf, ein Betrag der besagt, daß das Flußprofil schon weitgehend ausgeglichen ist. Selbst das steilste Flußstück im eigentlichen Paß Lueg bringt in 3·64 km Länge nur 19 m Gefälle ein (5·2⁰/₀₀). In bezug auf das Gefälle ist also der Salzachdurchbruch durch die Alpen dem Ennsdurchbruch weit unterlegen.

Die Erklärung des wiederholten Wechsels zwischen Flach- und Steilstrecken bei Enns und Salzach dürfte wohl in jungen Talverbiegungen zu suchen sein, wenn auch Einzelbeobachtungen noch nachzutragen sein werden.

Danach wären Mandlingpaß (Enns) und Taxenbacher Durchbruch stehengebliebene oder selbst aufwärtsgebogene alte Talstücke, und Pinzgau (Salzach) und Flachau (Enns) ebenso abwärtsgebogene Talstücke, wie auch die Talstücke von Bischofshofen (Salzach) und von Wörschach—Admont (Enns) als eingesunken zu betrachten wären. Gesäuse und Lueg würden wieder gehobene Teile der Talläufe darstellen.

Das Längenprofil des **Inn** läßt auf der österreichischen Innstrecke keinen derartigen auffallenden Wechsel von Flach- und Steilstrecken erkennen, wie er bei der Salzach und bei der Enns beschrieben worden ist. Nicht einmal der Inndurchbruch durch die Alpen, bei Kufstein, bildet sich im heutigen Längenprofil ab. Obschon O. Ampferer auf Grund von Tiefbohrungen nachgewiesen hat, daß die Felssohle des Inntales bei Hall tiefer liegt als bei Kufstein, daß also eine Talverbiegung hier außer Zweifel vorliegt, ist im Innprofil unterhalb Kufstein keine Steilstrecke wahrzunehmen. (Das Inngefälle von der Sillmündung bei Innsbruck bis zur Mündung der Brixentaler Ache bei Wörgl beträgt 1·16⁰/₀₀ [60 km Flußlänge, 70·5 m Höhenunterschied]. Das Gefälle von Wörgl [Brixentaler Ache] bis zur Landesgrenze unterhalb Kufstein beträgt 1·15⁰/₀₀ [31·6 km Flußlänge, 36·4 m Gefälle].

Einzelne, örtliche Gefällsknicke können durch örtliche Ursachen erklärt werden. Die einzige auffallende Steilstrecke großen Umfanges des österreichischen Inns, liegt beim Inndurchbruch nächst Landeck. Zwischen der Mühlbachmündung unterhalb der Pontlatzer Brücke und der Starkenbachmündung zwischen Landeck und Imst, überwindet der Inn in 16·5 km Flußlänge einen Höhenunterschied von 110 m, d. h. er fällt hier mit 6·66⁰/₀₀. Da sich hier ebenso wie beim Ennsdurchbruch im Gesäuse der 16·5 km lange Bogen, den der Fluß bei seinem Durchbruche beschreibt, durch eine 8·5 km lange Sehne ersetzen läßt, ergibt sich ein Bruttogefälle (auf den künstlichen Wasserweg bezogen) von 12·7⁰/₀₀, für einen alpinen Längstalfluß in dessen Mittellauf ein ganz außergewöhnlich hoher Wert. Diese Steilstrecke des Inn ist die Basis eines großzügigen, fein durchdachten Wasserkraftprojektes des Ingenieurs Erich v. Posch, das den „Westtiroler Groß-Kraftwerken" zugrunde liegt (vgl. Kapitel IV und die Übersichtskarte).

Die Abdrängung, die der Inn aus seiner Längstalrichtung oberhalb Landeck erfährt, ist nach der Darstellung W. Schmidts auf den Vorstoß der Ötztaler Masse während der insubrischen Phase der Gebirgsbildung zurückzuführen, welcher Vorstoß das alte Längstal unter sich begraben und den Inn gezwungen hat, sich einen neuen Weg am Außenrand der vorgestoßenen Ötztaler Masse zu suchen. Es ist dies wohl einer der interessantesten Fälle der Beeinflussung der Lage eines Längstalflusses durch junge, großtektonische Vorgänge. Ob aber an der Ausbildung der Steilstrecke nicht die Abzapfung eines über die Senke von Piller ziehenden älteren Innlaufes von der Sanna her schuld ist (Rückwärtserosion), soll hier nicht untersucht werden. Es ergeben sich zwischen Innlauf und Senke von Piller ähnliche Erwägungen, wie im Gesäuse zwischen der Senke der Buchau und dem heutigen Ennslauf, wie denn überhaupt der Inndurchbruch von Landeck und der Ennsdurchbruch im Gesäuse formell weitgehende Ähnlichkeiten zeigen.

Das Längenprofil der **Mur** zeigt in seinem obersten Verlauf, zwischen St. Michael im Lungau und der Einmündung des Rotgüldener Seebaches noch deutliche Anklänge an die Eigenschaften eines Quertales. Der Murfall oberhalb des Dorfes Muhr ist eine Felsstufe. Der flache Talboden, der sich am Fuß des Wasserfalles Mur-abwärts anschließt, erfährt oberhalb Schellgaden wieder eine schwache Versteilung, die bis zum Eintritt der Mur in die tertiäre Senke von St. Michael im Lungau anhält. Zwischen St. Michael (Murspiegel 1040 m) und Tamsweg (Murspiegel 1010 m) bringt die Mur auf 15·5 km Flußlänge nur 30 m Gefälle ein ($1·9^0/_{00}$), sie weist also eine für die Hochlage des Tales, mitten in den Alpen, ganz außergewöhnlich geringe Neigung auf, beträgt doch das mittlere Gefälle der Mur zwischen der Mündung des Rotgüldenbaches und Zeltweg $4·7^0/_{00}$.

Die Strecke St. Michael—Tamsweg folgt bekanntlich jener älteren, heute durch Talwasserscheiden unterbrochenen Tiefenlinie, die über Tamsweg nach Osten durch den Leißnitzbach und den Seebach fortzieht. Bei Tamsweg verläßt die Mur dieses ihr altes Tal, aus dem sie vom Süden her angezapft wurde, bricht nach Süden durch und hält auf der ganzen, 38 km langen Strecke bis Murau ein ziemlich gleichmäßiges Gefälle von $5·7^0/_{00}$ bei. Die Durchbruchstrecke Tamsweg—Thomatal ist also der Längstalstrecke Murau—Thomatal im Gefälle nicht überlegen. Auf der 63·35 km langen Strecke von Murau nach Zeltweg (Pölsmündung) zeigt das Flußlängenprofil ein ziemlich gleichmäßiges Gefälle von $2·2^0/_{00}$. Irgendwelche Einflüsse der älteren Hydrographie dieses Gebietes, das Durchsetzen der Neumarkter—Katschtalsenke, der Perchau—Wölzerbachsenke, durch das heutige Murtal, das Durchsetzen der Lavant—Obdacher Linie über die Mur in das Pölstal, alle diese Erscheinungen kommen im Längenprofil des heutigen Flusses nicht mehr zum Ausdruck, sie liegen tief unter den Schottern begraben. Die starke Mäanderbildung zeigt ebenfalls an, daß die Tiefenerosion nunmehr der Seitenerosion Platz gemacht hat. Die Wasserkraftprojekte machen in dieser Gegend deshalb auch ausgiebig davon Gebrauch, durch die künstliche Oberwasserführung die Mäander abzuschneiden und auf diese Weise an Gefälle zu gewinnen. Über den weiteren Talverlauf der Mur fehlen zusammenhängende Längenprofile.

Es wäre interessant, festzustellen, ob die miozänen Schollenverstellungen, welche W. Schmidt in der weiteren Umgebung Leobens nachgewiesen hat, und die das Murtal sowohl zwischen Knittelfeld und Leoben, als auch auf der Durchbruchstrecke Bruck—Graz durchsetzen, im Längenprofil zum Ausdruck kommen. Der Augenschein, der diese miozänen Tiefenlinien so deutlich erkennen läßt, kann im Murfluß selbst nichts wahrnehmen.

Das Längenprofil der **Drau** ist trotz der abwechslungsreichen Geschichte des Drautales recht eintönig. Von Lienz aufwärts ist die Isel der Drau in Bezug auf das Einzugsgebiet und somit auch in Bezug auf die Wassermengen überlegen, das Iselbett liegt bei Huben und Windisch-Matrei noch immer um 140 m tiefer als das Draubett in gleicher Entfernung von Lienz. Wasserwirtschaftlich interessant sind nur zwei Draustufen oberhalb Lienz, die obere bei Abfaltersbach, die untere bei der Eisenbahnstation Thal oberhalb Lienz. Immerhin stellt der Lauf der Drau von der Einmündung des Sextenbaches bis nach Lienz (43 Flußkilometer), besonders aber von Abfaltersbach bis Lienz (24 Flußkilometer) eine verhältnismäßig steile Strecke von $11·5^0/_{00}$ bzw. von $16·2^0/_{00}$ Gefälle dar.

Von Lienz bis Villach ist das Drau-Längenprofil recht eintönig. Selbst der Drau-

durchbruch bei Sachsenburg ist im Profil kaum angedeutet, und andere, kleine bescheidene
Gefällsknicke, können durch örtliche Ursachen leicht erklärt werden. Von Lienz bis zur
Gailmündung bei Villach, bringt die Drau auf 116 *km* Flußlänge 185 *m* Gefälle ein (1·6⁰/₀₀).

Die Wasserkraftnutzung zieht hier in den Projekten wieder den Gefällsgewinn durch
Abschneiden von Mäandern und durch Verkürzung des großen Kniees bei Sachsenburg
heran.

Für den Verlauf des Gefälles von Villach bis zur Landesgrenze, stehen mir keine zu-
sammenhängenden Profile zur Verfügung, doch lassen die Karten keine besonders ausgezeichnete Flußstrecke erkennen.

Interessanter ist erst wieder das Engtal des Alpendurchbruches der Drau zwischen
Mahrenberg und Faal bei Marburg, mit seinen in das Kristallin eingesenkten Mäandern;
doch ist dieser Flußteil nicht mehr beim derzeitigen Österreich verblieben.

5. Gefälle und Speichermöglichkeiten von Flüssen außerhalb der Alpen und von Alpenflüssen aus nicht vergletschert gewesenen Gebieten.

Als Beispiel für die Gefällsentwicklung der Flüsse an der Südostabdachung des
Böhmerwaldes, sei das Längenprofil der **Großen Mühl** kurz besprochen. Zwischen
Passau und Aschach, nordwestlich von Linz, ist die Donau epigenetisch in Gneise und
Granite der böhmischen Masse eingeschnitten. Ihr Lauf ist, von einem eingesenkten Mäander oberhalb Aschach abgesehen, geradlinig und parallel dem Kamm des Böhmerwaldes bzw. dem Großen Mühltal oberhalb Haslach, und parallel dem bayrischen Pfahl.
Die Unausgeglichenheit des epigenetischen Donaulaufes kommt besonders oberhalb
Passau zum Ausdrucke, wo die Donau die Wassermassen des Inns noch nicht besitzt
und im Kachlet oberhalb Passau eine für die Schiffahrt gefährliche Steilstrecke aufweist, die man durch das Wehr des Kraftwerkes Heining bei Passau auf 11 *km* Flußlänge
zu überstauen im Begriffe ist. (Das im Zuge des Main—Donaukanals errichtete Kraftwerk Heining bei Passau mit 43.000 P. S. installierter Leistung, wird über die erste Wehranlage verfügen, welche den ganzen Strom überquert. An das Wehr schließt sich das Krafthaus und daran folgen die beiden, für die Großschiffahrt dimensionierten Schleusen. Daß
die Donau hier noch daran ist, ihr Bett zu vertiefen, geht auch daraus hervor, daß der
Wehrbau unter einer geringen Schotterlage auf Gneis stößt, für die Fundierung also sehr
günstige Verhältnisse trifft.)

Der Donaulauf zwischen Passau und Aschach ist in eine Verebnungsfläche eingetieft, die sich etwa 300 *m* über dem heutigen Donauspiegel erhebt und die sanft gegen
den Böhmerwald zu ansteigt. Diese Verebnungsfläche ist ihrerseits durch die beidufrigen
Donauzubringer (Ranna, Kleine Mühl, Große Mühl, Aschach usw.) zertalt. Da aber das
Einschneiden der Donau infolge ihres großen Energieinhaltes verhältnismäßig rasch erfolgte, konnten die energieärmeren Zubringer mit dem Tieferlegen ihres Bettes nicht
gleichen Schritt mit der Donau halten. Es kam zur Ausbildung von Mündungsstufen, und
da noch heute Mündungsböden fehlen, die Seitentäler vielmehr unmittelbar an der Donau
selbst schon mit ihren Steilstrecken einsetzen, hat es den Anschein, als würde auch heute
noch die Donau sich rascher eintiefen als ihre Zubringer.

Daß sich die ursprünglich vielleicht als Wasserfall ausgebildete Mündungsstufe mit
zunehmender Rückwärtserosion in eine treppenförmige Folge von Wasserfällen und
schließlich in eine Steilstrecke auflöst, ist naheliegend. So greift die Steilstrecke heute
bereits 3 *km* (Ranna) bis 6 *km* (Große Mühl) von der Mündung in die Donau landeinwärts.
Bei der Aschach, am rechten Donauufer, liegen die Verhältnisse insofern verwickelter,
weil die Aschach nicht mehr im Engtal der Donau, sondern bereits in der Tertiärbucht
von Aschach einmündet und hier eine Anzapfung von Südosten her sehr wahrscheinlich
ist. Somit kann das Längenprofil der Donau-Zubringer im betrachteten Gebiet in folgende
drei Teile zerlegt werden (vgl. Abb. 20).

1. Die Mündungsstufe, die als Steilstrecke mit Schnellen und kleinen Wasserfällen entwickelt ist und eine schwer gangbare oder unwegsame Schlucht darstellt. Sie reicht von der Einmündung in die Donau bis zu dem auf der Hochfläche liegenden Tal. Ihr Gefälle beträgt bei der Großen Mühl 18⁰/₀₀ (10 *km* Flußlänge, 180 *m* Höhenunterschied), bei der Ranna 37·2⁰/₀₀ (5·5 *km* Flußlänge, 206 *m* Höhenunterschied), bei der Aschach (vom Tertiärbecken an gerechnet) 10⁰/₀₀ usw.

2. Durch einen scharfen Gefällsknick geht die untere Steilstrecke in die Talung auf der Hochfläche und damit in den Mittellauf des Flusses über. Daraus folgt zunächst, daß die Steilstrecke des Unterlaufes auch wasserwirtschaftlich als Einheit und somit als einheitliche Stufe aufzufassen ist. Weiters ist es denkbar, daß gerade am Gefällsknick, dort, wo der Fluß aus dem breiten Hochtal in die Schlucht der Mündungsstufe eintritt, jener Punkt gegeben sein kann, welcher den Anforderungen an eine Talsperren-Stelle in geradezu hervorragender Weise genügt. Die enge Talschlucht der Steilstrecke liefert guten Fels zum Einbinden der Sperre, sie ergibt ein geringes Volumen der Sperre, und da vor ihr (flußaufwärts) bereits der sanft geneigte Talboden des Hochtales liegt, ergibt ein Meter Sperrenhöhe einen bedeutenden, nutzbaren Speicherinhalt. Wenn auch die scheinbar eindeutig gegebene Lage des Ansatzpunktes einer Talsperre am Beginne der Steilstrecke nicht immer verwirklicht ist, und verschiedene Momente zu einer Verlegung der Talsperre führen, immer wird diese Sperre in die nächste Nähe des Beginnes der Steilstrecke fallen. Während die Mündungsstufen der alpinen Quertäler bei der Wasserkraftnutzung leider vielfach zerschnitten worden sind, vollzieht sich bei den hier betrachteten Flüssen der Ausbau der Wasserkräfte in voller Harmonie mit dem, was die Natur darbietet. Die Steilstrecke der Großen Mühl beginnt bei Neufelden. Dort, etwas oberhalb des Beginnes der engen Schlucht, liegt die Talsperre des Großkraftwerkes Partenstein der „Oweag" und die Steilstrecke bis zur Donau wird in einer einzigen Stufe ausgenützt. Auch das an der Ranna zu liegen kommende Kraftwerk der Unternehmung „Stern u. Hafferl" baut diesmal die Steilstrecke in einer Stufe aus, und auch auf die Anlage eines Speichers scheint (für den späteren Ausbau wenigstens) Rücksicht genommen. Der weitere Verlauf des Mittellaufes ist für die Großwasserkraftnutzung, von den Anlagemöglichkeiten für weitere Speicher abgesehen, vorläufig nicht interessant, weil das Gefälle des Mittellaufes gering ist. So hat die große Mühl zwischen Neufelden und Haslach, wo sie sich teilt, nur 3·66⁰/₀₀ Gefälle, die Aschach hat oberhalb der Steilstrecke 2·4⁰/₀₀ Gefälle usw.

3. Der Oberlauf, der wieder größeres Gefälle aufweist, kommt wegen seiner geringen Wassermengen für die Großwasserkraftnutzung nicht in Betracht.

Die Gefällsverhältnisse der weiter nach Osten folgenden Abflüsse aus dem Gebiete der böhmischen Masse lassen sich in das vorstehend dargestellte Schema nicht mehr ohne weiters einreihen.

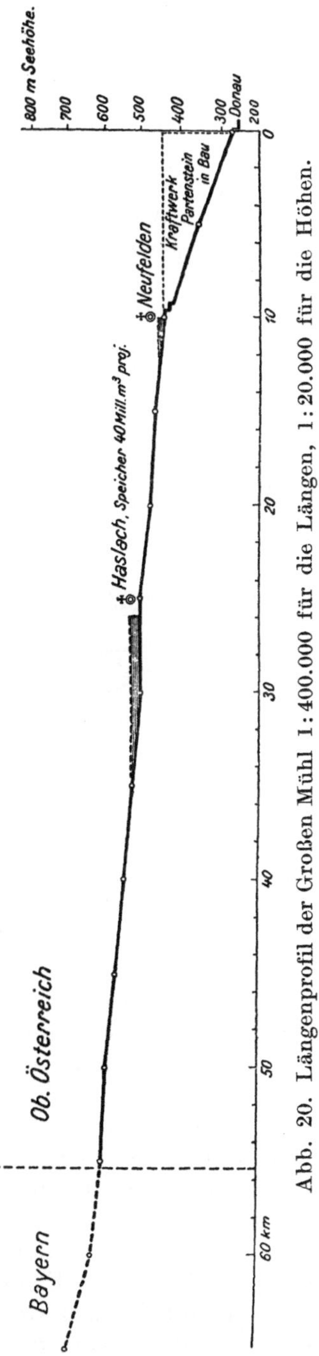

Abb. 20. Längenprofil der Großen Mühl 1:400.000 für die Längen, 1:20.000 für die Höhen.

Schon beim Pesenbach und bei der Rodl, den beiden nächsten, östlichen Nachbarn der Großen Mühl, reicht die Steilstrecke nicht mehr bis an die Donau heran und noch weiter im Osten ist die einfache Teilung des Fluß-Längenprofils in drei analoge Abschnitte, wie sie bei der Großen Mühl und ihren Nachbarn aufgezeigt worden sind, nicht mehr möglich. Wasserwirtschaftlich nimmt die Bedeutung der Abflüsse der böhmischen Masse zur Donau gegen Osten immer mehr ab, weil einerseits die Gefälle, anderseits die Niederschlagshöhen nach Osten zu immer mehr abnehmen.

Der Kamp, als der östlichste, bedeutendere, linksufrige Donauzubringer, der eigentlich nach Osten entwässert und erst in der Nähe der Stadt Horn nach Süden umbiegt, hat auf seinem Nord—Süd gerichteten, 45·7 km langen Unterlauf nur 1·6⁰/₀₀ Gefälle. In der von Westen nach Osten fließenden, 64 km langen Strecke, vom Zwettlbach bis zur Umbiegung nach Süden, steigt das Flußgefälle auf den Betrag von 4⁰/₀₀ an, um im weiteren 17·85 km langen Lauf bis zum Zusammenfluß des Großen mit dem Kleinen Kamp auf 4·2⁰/₀₀ zu steigen. Besonders ausgezeichnete Steilstrecken treten im Längenprofile nicht auf. Wohl aber bietet das V-förmig eingesenkte Kamptal reichlich Gelegenheit zur Anlage von Talsperren. (Vgl. Projekte Nr. 35 bis 34 auf der Übersichtskarte 1 : 600.000.)

Als letztes Beispiel für die Entwicklung des Gefälles an den österreichischen Flüssen, seien schließlich noch die lehrreichen Verhältnisse an der obersten Erlauf bzw. an der Lassing in Niederösterreich kurz erwähnt (Abb. 21).

Dieses Beispiel zeigt in schöner Weise die Bestätigung der Tatsache, daß überall dort, wo ein altreifes Tal von einer jungen Erosion angeschnitten wird, wasserwirtschaftlich zwei wichtige Folgerungen sich ergeben und zwar: Das altreife Tal, gekennzeichnet durch seinen relativ breiten, flachen Talboden, in welchem der

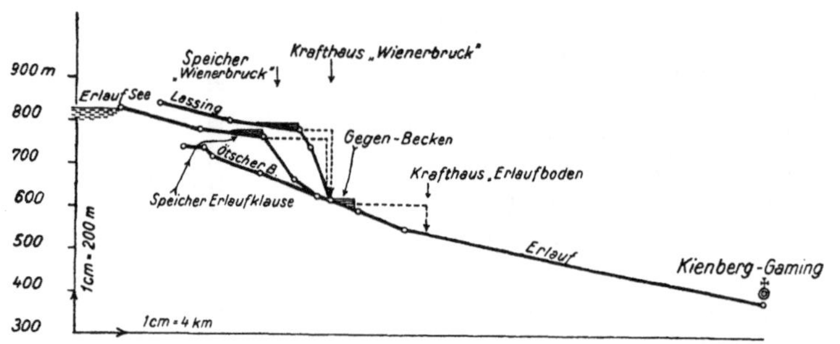

Abb. 21. Wasserspeicherung und Kraftnutzung am Anschnitt einer alten Landschaft durch junge Erosion. — Erlauf, Niederösterreich.

Fluß träg mäandriert, ladet zur Anlage günstiger Wasserspeicher ein. Der junge Erosionseinschnitt hingegen zapft das alte Tal durch eine Steilstrecke (mit Klammen, Klausen und Wasserfällen) an und stellt dadurch das Gefälle zur Verfügung. Wieder ergibt sich am Gefällsknick, am Beginn der schluchtartigen Anzapfungsstelle die Örtlichkeit für die Talsperre, die in der Klamm fußt und in ihr eingebunden ist, von hier aus aber den flachen, vor ihr liegenden, alten Talboden überstaut. Der Oberlauf des Lassingbaches verwirklicht das hier Gesagte nahezu wörtlich. In trägem Lauf windet sich die Lassing von Annaberg nach Wienerbruck. Hier wird sie von der tief eingeschnittenen Erlauf angeschnitten und sie stürzt in Wasserfällen in die Erlaufschlucht. Am Knickpunkt des Gefälles, gerade am Schluchteingang, erhebt sich die Talsperrenmauer des Speichers „Wienerbruck" der Kraftanlage gleichen Namens (Abb. 21). Ähnlich der Lassing verhält sich der Oberlauf der Erlauf selbst, zwischen dem Erlaufsee und der Mündung des Ötscherbaches. Der Flachstrecke Erlaufsee—Mitterbach, mit dem allerdings nicht mehr genau der Flachstrecke angehörenden Speicher Erlaufklause, folgt der junge Erosionsanschnitt, durch den sich die Erlauf zur Mündung des Ötscherbaches stürzt. Der ganze Erlaufeinschnitt bis nach Kienberg gehört als Steilstrecke dem unausgeglichenen, jungen Erosionstal der

Erlauf an, die durch Tieferlegung der Erosionsbasis zu rückschreitender Erosion veranlaßt worden ist.

Dort, wo die rückschreitende Erosion mit der noch nicht veränderten älteren Talform zusammentrifft, ergeben sich für die Wasserkraftnutzung die günstigsten Möglichkeiten. Daß man die Steilstrecke der jungen Erosion nicht in einer Stufe ausnützt, ist durch die Rücksichtnahme auf den Einbezug von wertvollen Zubringern (Ötscherbach) in die Kraftnutzung gegeben.

Ähnlich wie bei den Tauernquertälern konnte auch hier der große Vorteil aufgezeigt werden, den das Zusammentreffen alter Landschaftsreste mit junger Erosion für die Wasserkraftnutzung bringt, sowohl in bezug auf die Gefälle (in der jungen Erosion), als auch in bezug auf die Speichermöglichkeiten (in der älteren Landschaftsform) als auch, in besonders günstigen Fällen, in bezug auf den Ort des Sperrmauerwerkes (am oberen Ende der Erosionsschlucht).

Abwechslungsreiche Fälle im Längenprofil eines Flusses ergeben sich dann, wenn der heutige Flußlauf mehrere im Tertiär ausgebildete Senken diagonal durchschneidet. So ist der Oberlauf des großen Gößgrabens bei Leoben, von den Quellen bis zum Almwirt als breiter, flacher, reichlich Grundwasser führender Talboden entwickelt. Es gehört eben dieses Talstück der „Pöller-Linie" W. Schmidts, also einer Ost—West gerichteten, tertiären Talfurche an, die auch dem Lainsachtal die breite Entwicklung in der Gegend des Gehöftes Denk der Spezialkarte, gibt. Zwischen Almwirt und Moderer durchbricht

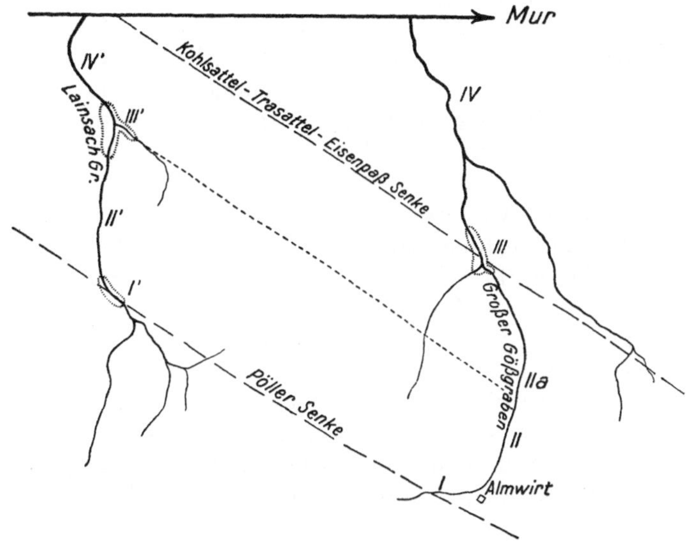

Abb. 22. Schema der Talform und des Flußlängenprofils beim schrägen Durchsetzen junger Erosionstäler durch ältere (tertiäre) Tiefenfurchen. — Großer Gößgraben, Lainsachtal. Mur bei Leoben. Schematisch dargestellt.

I. Großer Gößgraben im Gebiet der Pöllersenke (Almwirt aufwärts), Tal flach, weit, viel Grundwasser führend.

I' Lainsachtal im Gebiet der Pöllersenke (Gehöft Denk). Tal flach, weit, viel Grundwasser führend.

II. Großer Gößgraben, enges steiles Durchbruchstal. — Von einer nur schwach angedeuteten alten Senke bei IIa wird abgesehen.

II' Lainsach-Durchbruch zwischen Denk und Ortner. Enges, steiles Tal.

III. Großer Gößgraben im Gebiete der Trasattelsenke (Moderer). Breites, viel Grundwasser führendes Tal.

III' Breites Lainsachtal: Ortner-Lohitzgraben. (Im Gebiete einer parallelen Senke.) III'—IIa.

IV. Großer Gößgraben, enges Durchbruchstal ins Murtal. (Kaltenbrunn-Graben.)

IV' Lainsachdurchbruch zur Mur.

(von einer kleineren, analogen Verflachung abgesehen) der große Gößbach in einem steilen, engen Tal das Gebirge. Beim Moderer tritt der Bach wieder in eine Talweitung — und zwar eben dort, wo die zur Pöller-Linie parallele tertiäre Senke „Eisenpaß-Trasattel" den großen Gößbach übersetzt. Unterhalb des Moderer endlich bricht der große Gößbach wieder in einem engen, teilweise steilen Tal nach Göß an der Mur durch. So erklärt sich der Wechsel von engen, steilen, mit breiten, flacheren Talstücken zwanglos aus dem Zusammenwirken junger Erosion und tertiärem Erbgut.

VI. Die Großkraftwerke Österreichs.

In dem nun folgenden Abschnitte werden in erster Linie die derzeit in Bau befindlichen, und die in der allernächsten Zeit vollendeten Großkraftanlagen Österreichs angeführt, so daß dieser Abschnitt vor allem die Entwicklung darstellen soll, welche die Wasserkraftnutzung Österreichs in der Zeit nach dem Kriege genommen hat. Nebenbei werden auch die im Kriege und die vor dem Kriege erbauten Großkraftanlagen angeführt. Neben der einschlägigen Literatur stützt sich die Darstellung auf eigene Reiseaufzeichnungen weil alle größeren Wasserkraftbauten Österreichs von mir im Laufe der letzten drei Jahre, zum Teil wiederholt, besucht worden sind. Bezüglich der Beschreibung der Anlagen wird auf die Literaturzusammenstellung über diesen Abschnitt verwiesen, so daß hier mehr die geographischen Merkmale erwähnt werden können. [1])

Es werden nun der Reihe nach kurz besprochen:

a) Die Wasserkraftbauten der österreichischen Bundesbahnen.

b) Jene Wasserkraftbauten in den einzelnen Bundesländern, an welchen Gebietskörperschaften (das Land, Stadtgemeinden) besonderen Anteil nehmen und

c) Wasserkraftbauten rein privater Unternehmungen.

Interessante Projekte von Wasserkraftbauten beschließen diesen Abschnitt. Von den vielen Projekten wurden nur jene ausgewählt, die in irgendeiner Richtung ein besonderes Interesse zu haben scheinen. Sodann folgt eine kurze Zusammenstellung jener Wasserkraftwerke, welche ausschließlich oder vorwiegend der elektrochemischen Industrie gewidmet sind, so daß damit gleichzeitig ein kurzer Überblick über die Verbreitung der elektrochemischen Industrie in Österreich gegeben ist. Den Abschluß dieses Kapitels bildet die Aufzählung einiger möglicher Großkraftzentren in den österreichischen Alpen.

1. Die Großkraftwerke der Bundesbahnen.

Die Beilage Nr. 925 der konstituierenden Nationalversammlung bringt auf 76 Textseiten und 19 Tafeln eine Darstellung jener technischen und wirtschaftlichen Verhältnisse, welche der Elektrifizierung der österreichischen Bundesbahnen zugrunde liegen. Auf Grund des Gesetzes vom 13. Juli 1920 „betreffend die Einführung der elektrischen Zugsförderung auf den Staatsbahnen der Republik Österreich", sind derzeit folgende Wasserkraftwerke in Vorbereitung, bzw. im Bau, bzw. vollendet:

1. Das Speicherwerk „Spullersee" in Vorarlberg und 2. die Erweiterung des Laufwerkes „Ruetzwerk" bei Innsbruck, für die Elektrifizierung der Arlbergstrecke (Bregenz—Innsbruck, mit Nebenlinien), ferner die „Stubachwerke" im Pinzgau in Salzburg. 3*a*. Speicherwerk Tauernmoos—Enzinger Boden, Freilaufwerk 3*b* Enzinger Boden—Schneiderau und später Freilaufwerk 3*c* Schneiderau—Stubachmündung in das Salzachtal und 4. das Freilaufwerk an der Mallnitz bei Obervellach in Kärnten, die letztere Gruppe für die Elektrifizierung der Strecken Salzburg—Schwarzach-St.-Veit—Gastein—Villach und Schwarzach-St.-Veit—Saalfelden—Wörgl.

Schließlich wurde noch in Ausübung einer Option auf Stromlieferung für Bahnbeförderungszwecke bei der Konzessionierung des (1910 vollendeten) (5.) Werkes Steeg am Hallstätter See der Firma Stern u. Hafferl, die elektrische Zugsförderung auf der Strecke Steinach-Irdning—Aussee—Ischl—Attnang-Puchheim vorgesehen. Dieser erste Teil des Programmes der Elektrifizierung der österreichischen Bundesbahnen sieht neben zahlreichen anderen Vorteilen und Ersparnissen eine jährliche Kohlenersparnis von 306.000 bzw. 396.000 *t* Normalkohle vor, und da es sich schon mit Rücksicht auf die Bergstrecken

---

[1]) Leider sind in der österreichischen wasserwirtschaftlichen Literatur, so besonders in der Zeitschrift „Die Wasserwirtschaft" geographische Fehler und Druckfehler recht häufig. Bei Kurzel-Runtscheiner z. B. ist die Lichtensteinklamm nicht im Groß-Arl, sondern im Stubachtal, Kitzbühel liegt nach Kurzel-Runtscheiner am Inn!

nur um Auslandkohle handeln kann, bedeutet die Durchführung dieses ersten Teiles des Programmes eine jährliche Erleichterung der Einfuhrseite der österreichischen Handelsbilanz um 15·3 Millionen bzw. um 19·8 Millionen Goldkronen oder um 220·32 Milliarden bzw. um 285·12 Milliarden Papierkronen.

2. Die Erweiterung des mit dem Sillwerk hydraulisch verbundenen Freilaufwerkes „Rutzwerk" bei Innsbruck, von $2 \times 4000 = 8000$ P. S. auf 16.000 P. S. installierter Leistung, das bisher die Mittenwaldbahn mit Strom versorgt hatte, ist abgeschlossen, und die elektrische Zugsförderung zwischen Innsbruck und Landeck eingeführt.

Das Werk Spullersee ($4 \times 6000 = 24.000$ P. S. $+$ später 2×6000, $= 36.000$ P. S. installierter Leistung) geht seiner Vollendung (zu erwarten Ende 1924) entgegen. Von der schwierigen Aufschließung des Bauterrains abgesehen, hat das Spullersee-Werk günstige natürliche Verhältnisse angetroffen. (Große Niederschlagshöhen, die den Nachteil des kleinen Einzugsgebietes wettmachen, günstige Wasserdichtigkeit des in einer Mulde von Kreidemergeln gelegenen Sees, geradezu vortreffliche Gesteinsverhältnisse an den beiden Sperren und geringe Baulänge der ganzen Anlage.) Schwieriger waren nur die Verhältnisse in jenem Teile des Stollens, der durch zermürbten Hauptdolomit führt, und der auf Grund zahlreicher Versuche dazu führte, den Stollen nicht als Druckstollen einzurichten, sondern in demselben ein Eisenrohr frei zu verlegen. Bemerkenswert ist auch die Verlegung der zwei (später drei) Druckrohrleitungen (800 m saigere Höhe, 1240 m Länge) auf mächtigen Halden von Gehängeschutt. Rutzwerk und Spullersee, diesseits und jenseits des Arlberges, zeigen in ihrer Zusammenarbeit volle Analogie mit dem Freilaufwerk Amsteg und dem Speicherwerk Ritom-See auf der Nord- bzw. Südrampe der Gotthardbahn in der Schweiz.

Nach den Veröffentlichungen von E. Dittes steht die Aufnahme des elektrischen Betriebes auf der ganzen Arlbergstrecke bis Bregenz mit Beginn des Jahres 1925 zu erwarten.

3. Das Speicherwerk Tauernmoosboden im Stubachtal, Pinzgau, Salzburg (3 a der Karte 1 : 600.000), nützt ähnlich wie der Spullersee ein ebenfalls teilweise noch durch einen See (Tauernmoossee, 2000 m hoch gelegen) erfülltes Durchgangskar aus, jedoch reicht der Einschnitt des Haupttales (Salzach-Längstal) nicht bis an das Kar heran, so daß das Gefälle bis zum Haupttal durch drei Stufen abgearbeitet wird (vgl. Fig. 15).

4. Tauernmoosboden—Enzinger Boden 523·5 m Rohgefälle, Enzinger Boden—Schneiderau 480 m Rohgefälle und 6. Schneiderau—Vorderstubach 186·5 m Rohgefälle.

Der Tauernmoosboden stellt einen geräumigen Hochspeicherraum der Ostalpen dar, von dessen Stauraum 13·9 Millionen Kubikmeter bewirtschaftet werden sollen, und dessen Wert noch dadurch erhöht wird, daß der im nächsten Paralleltal 2200 m hoch gelegene „Weiße See" durch einen ganz kurzen Stollen dem Tauernmoosspeicher zugezogen werden kann. Endlich liefert auch noch der 1700 m hoch gelegene

5. „Grüne See" eine, allerdings bescheidenere Menge speicherfähiger Zusatzenergie, so daß die Kraftwerksgruppe Stubachtal für eine Spitzenleistung von 80.000 P. S. ausgebaut werden soll.

Die 200 m hohe Stufe Grünsee—Enzinger Boden wurde zunächst für die im September 1923 fertiggestellte Hilfskraftanlage ausgenützt, wobei das Krafthaus aber nicht auf dem geräumigen Enzinger Boden, sondern 80 m darüber, in einer für schwerere Transporte nur kostspielig zugänglichen Steillehne zur Aufstellung gelangt ist, unter Verzicht auf die unteren 80 m des Gefälles. Infolge der Beschränktheit der zur Verfügung stehenden Geldmittel geht der Bau dieser Kraftwerksgruppe nur äußerst langsam vor sich. Über Aufschließungsarbeiten der Baustellen (Straße Uttendorf im Salzachtal—Schneiderau vollendet, Straße Schneiderau—Enzinger Boden im Bau) und über die Errichtung von Baracken und Wohnhäusern an den Baustellen, ist man in drei Baujahren noch nicht hinausgekommen.

6. Das Mallnitzkraftwerk (Nr. 7 der Tafel V, Übersichtskarte) unterteilt die rund 500 *m* in der Höhe messende Stufe zwischen dem Talboden der Mallnitz beim Orte Mallnitz und dem Talboden der Möll bei Ober-Vellach, und nützt nur den unteren Teil des Gefälles (312·7 *m*) aus; 8. der obere Teil der Stufe wurde schon zur Kraftgewinnung anläßlich der Erbauung des Tauerntunnels (Mallnitz—Böckstein) ausgebaut, wobei jedoch wasserwirtschaftliche Erwägungen, wie sie derzeit berücksichtigt werden, nicht in Betracht gekommen sind, so daß aus dem Mallnitzbach zwischen Mallnitz und Ober-Vellach nicht jene Energieausbeute gewonnen wird, die eine einheitliche Anlage (mit künstlicher Zuleitung des Dössener Baches) liefern würde (vgl. Tafel I, Abb. 17).

Das Mallnitzkraftwerk (16.000 P. S. vorgesehene, zu installierende Leistung) ist ein Freilaufwerk, in dessen Einzugsgebiet bescheidene Speichermöglichkeiten (Stappitzer See, Dössener See) vorhanden sind.

Durch die Tauernbahn sind alle wichtigen Baustellen leicht zugänglich, und wenn trotz dieses günstigen Umstandes der Bau nur schleppend weiter geht und in den bisherigen drei Baujahren neben Wohngebäuden nur das Einlaufbauwerk und der 2·1 *km* lange Oberwasserstollen durchgeschlagen und drainiert, sowie ein Teil des Wasserschlosses fertiggestellt worden ist, so liegt dieser geringe Baufortschritt wieder in der Unzulänglichkeit der Geldmittel begründet. Auffallend ist die Verlegung des Wasserschlosses in die Steillehne des Mölltales unterhalb der Eisenbahn anstatt in das Berginnere.

Das im Rahmen des ersten Bauprogrammes vorläufig letzte Kraftwerk (Nr. 7 a der Tafel V, Übersichtskarte) für Zwecke der Zugsförderung, ist das von der Firma Stern und Hafferl in Steeg am Hallstätter See im Jahre 1910 erbaute Gosau-Werk, dessen Wasserschloß schon bei der Erbauung für eine künftige Bahnelektrifizierung bemessen worden ist (4000 *m*³ Inhalt), so daß sich nur die Verlegung einer eigenen Druckrohrleitung und die Erweiterung des Krafthauses durch Aufstellung eines 8000 P. S.-Einphasen-Wechselstrom-Generators mit $16^2/_3$ Perioden erübrigt.

Hier sind die Arbeiten, einschließlich der Streckenausrüstung so weit fortgeschritten, daß im Sommer 1924 mit der elektrischen Zugsförderung auf der 107 *km* langen Strecke Steinach-Irdning—Aussee—Ischl—Attnang-Puchheim gerechnet werden kann.

Von der Aufzählung eines Teiles der zahlreichen übrigen Wasserkraftprojekte der Bundesbahnen kann wohl abgesehen werden, weil die Vollendung der Kraftwerksgruppen 3 und 4 nebst der Streckenausrüstung und der Beschaffung der Fahrbetriebsmittel und Werkstätten, die zur Verfügung stehenden Mittel scheinbar noch für längere Zeit festlegen wird, ohne den Beginn neuer Kraftwerke zuzulassen.

2. Die Großkraftwerke der einzelnen Bundesländer.

a) Großkraftwerke in Niederösterreich.

Die Wasserkraftnutzung ist in Niederösterreich auf Alpenrand- bzw. Alpenvorlandflüsse aufgebaut, denen die Merkmale eignen, daß sie bei verhältnismäßig kleinem Einzugsgebiet zwei Minima im jährlichen Abfluß aufweisen und zwar ein Sommerminimum (August-September, vor Beginn der Herbstregen) und ein Winterminimum, das allerdings durch Wetterstürze im Jänner und Februar öfters unterbrochen werden kann. Die hohen Gefälle der Alpenflüsse fehlen hier und Gefälle von 100 *m* können nur ausnahmsweise noch erreicht werden.

Dazu kommen die in der Wasserführung den vorgenannten ähnlich gearteten Abflüsse aus dem kristallinen Schiefergebiet des Waldviertels nördlich der Donau. Diese Gruppe steht den weiter westlich (in Oberösterreich) gelegenen Abflüssen des Böhmerwaldes an wasserwirtschaftlichem Werte ebenfalls nach, weil Gefälle und Niederschlagshöhen der linksufrigen Donauzubringer in Niederösterreich bereits wesentlich geringer sind als in Oberösterreich. Schließlich kommt noch die niederösterreichische Donau für Kraftnutzungszwecke in Betracht. Der für Donaukraftwerke erforderliche, große Kostenaufwand, Schwierigkeiten, die sich aus der Geschiebeführung der Donau und aus der Rücksichtnahme auf die Großschiffahrt auf diesem internationalen Flusse ergeben, lassen das Entstehen von Donaukraftwerken in Niederösterreich so lange nicht als wahrscheinlich erscheinen, als ein Ausweg mit geringerem Gesamtkostenaufwand gefunden wird.

a) **Die Wasserkraftbauten der W. A. G. (Wasserkraftwerke-Aktien-Gesellschaft).**

Die Großstadt Wien mit den darangeschlossenen industriellen Betrieben überragt alle anderen Verbrauchszentren Österreichs in elektrischer Energie um ein Vielfaches.

Der Stromverbrauch Wiens, der im Jahre 1907 9 Millionen Kilowattstunden betrug, erreichte trotz der Verbrauchsdrosselungen im Jahre 1920 schon 216 Millionen Kilowattstunden und läßt nach Karel innerhalb zweier Jahre ein Ansteigen auf 360 Millionen Kilowattstunden erwarten. Geradezu befremdend wirkt die Feststellung Karels, daß in Wien und Umgebung noch 28.815 Häuser bzw. 359.144 Wohnungen ohne Elektrizität sind (September 1923). Die Stromversorgung Wiens beruht auf den Wärmekraftanlagen: I. Zentrale Simmering mit 60.000 KW installierter Kesselleistung, II. Zentrale Engerthstraße mit 30.000 KW. installierter Kesselleistung und III. Zentrale Ebenfurth mit 22.000 KW. installierter Kesselleistung. Da schätzungsweise nur ein Drittel der in den Kraftanlagen erzeugten Energie aus der eigenen Kohlenbasis bei Zillingsdorf gedeckt werden kann, der Rest, d. i. die Hauptmenge, aus Auslandkohle bereitgestellt werden muß, ergibt sich das große Interesse der Gemeinde Wien am Ausbau eigener Wasserkraftwerke und an Stromlieferungsverträgen mit in Bau befindlichen Wasserkraftanlagen. Karel veranschlagt für Wien die jährliche Ersparnis an Auslandkohle durch heimische Wasserkräfte mit 257 Milliarden Kronen. Die Versuche, die steirische Enns im Gesäuse für die Kraftversorgung Wiens zu gewinnen und dadurch die Frage der Energieversorgung Wiens mit einem einzigen Werke größten Stils der Hauptsache nach zu lösen, sind leider am steiermärkischen Länderseparatismus gescheitert.

Da im Gegensatz zur finanziellen Leistungsfähigkeit und zur Energieaufnahmefähigkeit Wiens, im Lande Steiermark weder die Geldmittel noch der Strombedarf für eine Großkraftanlage von der Leistungsfähigkeit des Gesäuses (180.000 P. S. Spitzenleistung, siehe unter Steiermark) vorhanden sind, noch in absehbarer Zeit vorhanden sein werden, ist die Verwirklichung des Ausbaues dieser größten Hochdruckanlage der Ost- und Westalpen in unbestimmbare Fernen gerückt.

Die Gemeinde Wien behilft sich indessen durch den Ausbau kleinerer Werke, die sie durch die WAG (Wasserkraftwerke-Aktiengesellschaft, gegründet im September 1921 von der Gemeinde Wien und von Wiener Großbanken, wobei die Gemeinde Wien eine starke Mehrheit besitzt) errichten läßt.

Im Bau sind: 9.[1]) Das Werk Opponitz bei Waidhofen an der Ybbs, ein Freilaufwerk, dessen 11·3 *km* lange Oberwasserführung fast zur Gänze (10 *km*) aus Hang- und Durchschlagsstollen besteht, wobei durch Abschneidung des großen Ybbs-Bogens von Hollenstein ein Rohgefälle von 126·7 *m* erzielt wird, was bei einer Wassermenge von 10 m^3/sek, für welche das Werk ausgebaut ist, einer Turbinenleistung von 12.300 P. S. entspricht.

Die Jahresleistung dieser Anlage ist mit 47 Millionen Kilowattstunden veranschlagt. Die technische Ausführung dieser Anlage, mit deren Fertigstellung etwa 1924 oder Anfang 1925 gerechnet werden kann, stieß auf Schwierigkeiten, deren Bekämpfung sich recht kostspielig gestaltete. Die Oberwasserführung durchörtert zwei Überschiebungsflächen mit weitgehender Mylonitisierung von gipshaltigen Mergeln und führt durch eine, mehrere Kilometer lange Strecke von standfesteren, Gips führenden Mergeln, mit Wasseraustritten in den Stollen, die eine nahezu gesättigte Gipslösung darstellen. Der schwierige Stollen-

---

[1]) Die Nummern beziehen sich auf die fortlaufende Nummerierung in der am Schlusse des Buches beigefügten Übersichtskarte 1 : 600.000 und in den Tabellen auf Seite 70—95.

vortrieb im großen Profil innerhalb der zählehmig zersetzten Mergel und das Abhalten bzw. Ableiten der gipsführenden Wässer und der Stollenfeuchtigkeit vom Beton bzw. vom Stollen (durch Drainagen aus Steinzeugrohren und durch verschiedene Arten von Asphaltierungen) war der eine Teil der Hemmnisse, denen dieser Kraftwerksbau begegnet ist und deren Behebung sich kostspielig gestaltete. Wassereinbrüche in dem von der Nordseite im Gefälle vorgetriebenen Hauptdurchschlagsstollen (Frießlingstollen, 4043 m lang) innerhalb des Hauptdolomits, brachten vorübergehend den Stollenvortrieb zum Stillstand.

10. Die zweite, von der Wag in Angriff genommene Wasserkraftanlage (Baubeginn September 1923) nützt das Gefälle der im Jahre 1910 vollendeten zweiten Wiener Hochquellenleitung zwischen Lunz und Gaming im Betrage von 189 m, bei einer Oberwasserführung von 6529·1 m Länge (Hangstollen) aus. Da die Quellfassungen im Hochschwabgebiet so eingerichtet sind, daß sie durch das ganze Jahr eine gleichbleibende Wassermenge von 2·351 m^3/sek nach Wien führen, ergibt sich für diese Wasserkraftanlage eine konstante Leistung von rund 4500 P. S. bzw. eine in Wien verfügbare Jahresarbeit von 23 Millionen Kilowattstunden.

11. Weiters sind bei Lunz noch ein Speicher im Oistal und die Ausnützung des Lunzer Sees als Speicherbecken vorgesehen, wie auch 12. eine weitere Stufe an der Ybbs, oberhalb Göstling, noch projektiert ist.

Für den Ausbau der österreichischen Donau sind bisher folgende Projekte studiert und zum Teil bis zur Einleitung des wasserrechtlichen Verfahrens gebracht worden:

13. Aschach in Oberösterreich, Jahresmittelleistung 150.000 P. S.

14. Wallsee in Oberösterreich, Höchstleistung 166.000 P. S.

15. Tullnerfeld, zwischen Krems und Korneuburg als Dreistufenanlage (50.000 P. S., $H = 7·1\ m, + 51.000$ P. S., $H = 7·2\ m, + 54.000$ P. S., $H = 7·6\ m$) mit 155.000 P. S. durch neun Monate voll zur Verfügung stehender Leistung. Bei Ausnützung des sechsmonatlichen Wassers erhöht sich die Leistung auf 270.000 P. S., gleich einer Jahresarbeit von 1·3 Milliarden Kilowattstunden. (Nach **Dr. Ing. Bertschinger.**)

16. Wien—Marchfeld mit den drei Stufen in

     a) Kaisermühlen 44.000 P. S.,

     b) Breitstetten 48.000 P. S. und

     c) Markthof 55.000 P. S. Höchstleistung, zusammen 147.000 P. S.

17. Außer dem vorstehend genannten Projekt wurde für den Donaulauf zwischen Langenzersdorf oberhalb Wien und der Marchmündung noch eine Variante ausgearbeitet, welche die Donau innerhalb des Überschwemmungsgebietes zwischen Langenzersdorf und Mannswörth in vier Stufen mit zusammen 16.100 P. S. ausnützt und zwischen Mannswörth und der Marchmündung sieht Ingenieur **Grünhut-Bartoletti** noch zwei weitere Stufen vor.

β) Die Wasserkraftbauten der niederösterreichischen Elektrizitäts-Wirtschafts-Aktiengesellschaft (Newag).

Die Newag, deren Geschichte und Werksanlagen kürzlich durch Ingenieur **Kurzel-Runtscheiner** eine zusammenhängende Darstellung gefunden haben, besitzt neben den kurz zu erörternden, in Ausführung begriffenen Neubauten, die Wasserkraftanlage Wienerbruck und die Dieselzentrale St. Pölten des früheren Erzherzogtums Niederösterreich, die Wasserkraft- und Dieselanlagen aus dem früheren Besitze der Stadtgemeinde Wiener-Neustadt, die Anlagen der Traisentaler Elektrizitätswerke (Teger) und die Stollhofer Elektrizitätswerke. Wasserkraftanlagen besitzt die Newag bei Wiener-Neustadt:

18. Das „Mira-Werk", 1913/1914 von der Stadtgemeinde Wiener-Neustadt unter Ausnützung der Mirafälle mit 900 P. S. installierter Leistung erbaut,

19. das Kehrbachwerk „Ungarfeld", ebenfalls von der Gemeinde Wiener-Neustadt in den Jahren 1916/1917 für eine Leistung von 700 P. S. erbaut und das

20. ebenfalls von der Gemeinde Wiener-Neustadt in den Jahren 1920 bis 1922 erbaute Kehrbachwerk „Föhrenwald" mit 1400 P. S. installierter Leistung.

21. Hiezu kommt noch das der Vollendung entgegengehende Kehrbachwerk „Brunnenfeld" bei Wiener-Neustadt, ebenfalls mit einer Leistung von 1400 P. S.

In der weiteren Umgebung von St. Pölten besitzt die Newag ferner:

22. Die im Jahre 1907 vor allem zum Zwecke der Elektrifizierung der n.-ö. Landesbahn St. Pölten—Mariazell, vom Lande Niederösterreich erbaute Wasserkraftanlage Wienerbruck, welche die Erlauf und die Lassing in einem gemeinsamen Krafthause ausnützt (siehe Abb. 19), mit einer installierten Leistung von 5000 P. S.

23. Das Unterwasser der Kraftanlage Wienerbruck nimmt unmittelbar nach dem Verlassen des Krafthauses den Ötscherbach auf und tritt sodann in ein in Bau befindliches Gegenbecken und weiters in den 3·6 km langen Oberwasserstollen des der Vollendung entgegengehenden Kraftwerkes „Erlaufboden" der Newag ein, um das Gefälle von 84 m am Erlaufboden abzuarbeiten (rund 5000 P. S.).

24. Die letzte, derzeit in Bau befindliche Wasserkraftanlage der Newag nützt eine 5·8 km lange Flachstrecke der Traisen bei Traismauer, nördlich von St. Pölten aus, woselbst noch rund 1400 P. S. erwirtschaftet werden. (Von der Anführung der kleinen Wasserkraftwerke, welche die Newag noch besitzt (Zentrale Stollhofen, 250 P. S., ferner kleinere Anlagen bei Wiener-Neustadt, sowie von der Anführung der Dieselzentralen der Newag in St. Pölten und Wiener-Neustadt) wird hier Abstand genommen.)

Wie bereits im Eingange des dritten Kapitels erörtert worden ist, stellen die Kehrbachwerke einen ganz eigenartigen, in Österreich sonst nicht mehr wiederkehrenden Typus von Wasserkraftanlagen mit einer, vorwiegend in die Druckrohrleitung verlegten Oberwasserführung dar.

Von den größeren, nicht zur Newag gehörenden Wasserkraftanlagen Niederösterreichs, wurden in die Karte 1 : 600.000 noch eingezeichnet:

25. Das Kehrbachwerk „Akademie" bei Wiener-Neustadt, 1917/1918 erbaut, der staatlichen Industrie-Werke in Wöllersdorf (800 P. S.).

Zwischen Wiener-Neustadt und Neunkirchen folgen am Kehrbach noch vier, der Papier- und Holzstoffabrikation dienende Wasserkraftanlagen, und dann setzt (Nr. 26) das Projekt der Gemeinde Neunkirchen, mit 950 P. S., die aus dem Kehrbach zu gewinnen wären, ein.

Von Neunkirchen flußaufwärts sind die Schwarza und auch der Pittenbach weitgehend für die Kraftversorgung industrieller Eigenanlagen, vor allem der Papierindustrie ausgenützt.

27. An der Piesting wurde im Mai 1923 das Werk am Kalten Gang der staatlichen Werke Blumau (1200 P. S.) vollendet.

28. Erwähnenswert sind ferner noch die im Jahre 1921 vollendete Wasserkraftanlage „Hohenstein" an der Krems (nördl. der Donau), mit 1000 P. S. Leistung, erbaut von der Gemeinde Krems, und

29. die bei Erlauf, nahe der Donau an der Erlauf der Vollendung entgegengehende Wasserkraftanlage Erlauf (1000 P. S.) der Gemeinde Melk.

An Projekten der Newag wären (nach Kurzel-Runtscheiner) zu erwähnen jene für zwei Kraftanlagen (30 und 31) an der Erlauf bei Merkstätten und Purgstall mit zusammen 3000 P. S., ferner ein

32. Spitzenwerk bei Pöggstall am Weitenbach (nordwestlich von Melk a. d. Donau) mit einer Leistung von 4000 P. S., und endlich eine weitere Stufe am Kehrbach (33) mit etwa 1000 P. S. Leistung.

Auch am Kalten Gang (Piesting) ist im Anschluß an die oben erwähnte Anlage Nr. 27 der Ausbau einer analogen Stufe (Nr. 34) seitens der staatlichen Industriewerke geplant.

Aus dem Gebiete nördlich der Donau seien noch die neun am Kampflusse geplanten Speicherwerke (Nr. 35, 36, 37, 38, 39, 40, 41, 42, 43 der Karte) der Waldviertler Elektrizitäts-Genossenschaft angeführt, die vor allem als Spitzenwerke in Betracht kommen.

Von den bereits vor dem Kriege erbauten, über 500 P. S. installierter Leistung aufweisenden Wasserkraftanlagen Niederösterreichs seien noch angeführt:

44. Die Anlage der Stadtgemeinde Amstetten, mit 1450 P. S. (1901 erbaut), 45, jene der Stadtgemeinde Horn, am Kamp erbaut 1908, mit 810 P. S. installierter Leistung, 46. jene der Stadtgemeinde Waidhofen a. d. Ybbs, 1900 erbaut, mit 660 P. S. installierter Leistung, und 47. jene der Firma Wüster bei Ybbs, 1898 erbaut, mit 610 P. S. installierter Leistung.

48. Ferner hat die Stadtgemeinde Waidhofen a. d. Ybbs ihre Anlage in Schwellöd (zwischen Waidhofen und Opponitz) mit 900 P. S. installierter Leistung im Jahre 1921 zu bauen begonnen.

Auch die Gemeinde Wien nützt innerhalb des Stadtgebietes das Gefälle der zweiten Hochquellenleitung für Zwecke der Wasserhebung zu den Hochbehältern aus.

48a. Schließlich ist noch das Kraftwerk Gerstl, Gemeinde Sonntagsberg an der Ybbs anzuführen, welches die Eisen- und Stahlwalzwerke G. m. b. H. (vorm. Wertich Witwe) mit 870 P. S. installierter Leistung in den Jahren 1922 und 1923 ausgebaut haben.

Die Kleinwasserkraftnutzung, teils mit direktem Antrieb, teils mit Umsetzung der Energie in Elektrizität, hat in Niederösterreich eine außerordentlich große Verbreitung. Neben Sägen und Mühlen geben hier die Holzschleiferei und Papierindustrie, ferner die Textilindustrie, besonders aber die Kleineisenindustrie den Ausschlag. Als Beispiele seien angeführt, daß am Prollingbach, einem linken Zubringer der kleinen Ybbs, auf 3·73 *km* Flußlänge 21 Triebwerke entfallen, von denen 16 der Kleineisen-, drei der Holz- und eines der Mühlenindustrie angehören, während ein Triebwerk ein Elektrizitätswerk betreibt. Ähnlich liegen die Verhältnisse an der Kleinen Ybbs (19 Wasserkraftnutzungen auf 12·5 *km* Flußlänge) oder am Waidhofenbach bei Waidhofen an der Ybbs mit 22 Triebwerken auf 6·27 *km* Flußlänge (davon 11 Anlagen der Kleineisenindustrie, 6 Mühlen, 3 Sägen, 1 Lohestampfe und 1 Elektrizitätswerk).

An der Traisen werden, um nur noch ein Beispiel anzuführen, auf einer rund 4·5 *km* langen Flußstrecke zwischen den Orten Traisen und Lilienfeld in fünf Kraftanlagen 1112 P. S. ausgenützt, wovon drei Anlagen mit zusammen 711 P. S. auf die Eisen- und Metallindustrie entfallen, während je eine Anlage mit 221 P. S. auf die Holzschleiferei und mit 180 P. S. auf ein Elektrizitätswerk entfällt.

Entsprechend der historischen Entwicklung der nördlichen Ausstrahlungen der nordsteirischen Eisenerzvorkommen, ist die Kleinwasserkraftnutzung Niederösterreichs zwischen Enns und Traisen vorwiegend in den Dienst der Kleineisenindustrie gestellt. Nördlich der Donau wird die Kleinwasserkraftnutzung von der Mühlen- und der Holzindustrie beherrscht, die auch im Wiener Becken zusammen mit der Textilindustrie für die Kleinwasserkraftnutzung ausschlaggebend sind.

b) Großkraftwerke Oberösterreichs.

In Bezug auf die Darbietung der Natur an Wasserkraftnutzungsmöglichkeiten ist Oberösterreich ein sehr gesegnetes Land. Von der Donau abgesehen, deren beide Stufen Aschach und Wallsee bereits bei Niederösterreich erwähnt worden sind, kommt der Wasserwirtschaft Oberösterreichs der Umstand sehr zu statten, daß seine Flüsse sich in der Wasserführung einigermaßen ergänzen.

Den Mittelgebirgsflüssen nördlich der Donau (Type IV) mit ihrem Sommerniederwasser und verhältnismäßig guten Wasserständen im Winter (mit Ausnahme des Monats

Jänner), stehen Alpenflüsse und Karstflüsse mit gutem Sommerwasser gegenüber. Die Enns mit der Steyr und die Traun mit der Alm beherrschen weitaus die Abflußmengen dieses Landes. Der Inn ist von der Salzachmündung an Gemeinschaftsfluß zwischen Oberösterreich und Bayern.

Auf der an den Fuß des Böhmerwaldes anschließenden Verebnungsfläche lassen sich günstige Speichermöglichkeiten für die ersterwähnte Flußgattung finden, und die zahlreichen Seen des Traungebietes liefern eine zweite Gruppe von Speichern, deren Energieinhalt allerdings mehr auf der Wassermenge als auf den ausnützbaren Gefällen beruht. Einzelne kleinere Moränenseen in Hochtälern stellen allerdings auch Speicher mit großem Gefälle dar. Allerdings erreichen die wirtschaftlich erreichbaren Gefälle der oberösterreichischen Flüsse nicht die Werte, die man in den Zentralalpen antrifft, $250\,m$ werden nur ausnahmsweise erreicht, und auch $100\,m$ sind kein häufig anzutreffender Wert. Mittel- und Niederdruckanlagen herrschen somit der Zahl und Leistung nach über die möglichen Hochdruckanlagen vor.

Die Großerzeugung hydroelektrischer Energie liegt in Oberösterreich in erster Linie in den Händen der Oberösterreichischen Wasserkraft- und Elektrizitäts-Aktiengesellschaft (Oweag), mit dem Sitz in Linz, und der Elektrizitätswerke Stern und Hafferl A. G., mit dem Sitz in Gmunden. Die Stern und Hafferl A. G. greift mit ihren Wasserkraftanlagen auch auf salzburgisches Gebiet über.

α) Die Wasserkraftanlagen der Oweag.

Die Oweag ist die Besitzerin des der Vollendung entgegengehenden Großkraftwerkes „Partenstein" an der Großen Mühl zwischen Neufelden und Neuhausen (Nr. 49), $2 \times 15.000 = 30.000$ P. S., $+ 15.000$ P. S., welches gegen Ende des Jahres 1924 mit der Stromabgabe beginnen soll. Dieses derzeit größte einheitliche Wasserkraftwerk Österreichs besitzt am Einlauf des Druckstollens einen Speicher von $760.000\,m^3$ nutzbarem Speicherraum, ein großer Speicher von 40 Millionen Kubikmeter ist bei Haslach für einen späteren Ausbau vorgesehen. Daß die Kraftanlage Partenstein in Bezug auf Einzugsgebiet und Gefälle die wertvollste einheitliche Kraftdarbietung der Flüsse am Südhang des Böhmerwaldes in einer einheitlichen Anlage erfaßt und ausnützt, wurde schon weiter oben betont (vgl. Abb. 9 und Abb. 20).

Zu den günstigen, von der Natur gebotenen Wassermengen und Gefällen kommt noch der Umstand, daß das Werk durch ein Übereinkommen mit der Gemeinde Wien in der Lage sein wird, seine Energieleistung jederzeit restlos zu verkaufen.

Von den Wasserkraftprojekten der Oweag seien im Gebiete links der Donau noch kurz angeführt:

50. Die Kraftanlage an der Großen Rodel zwischen Grammastetten und Nieder-Ottensheim a. d. Donau (8000 P. S.) mit Einschaltung eines Speichers für den Tagesausgleich und

51. jene an der Schwarz-Aist, mit 2500 P. S., oberhalb der Einmündung des Stampfenbaches in die Schwarz-Aist ($H = 100\,m$ $Q = 2\cdot5\,m^3/sek$) und Donau rechtsufrig, aber noch dem Wasserregime der Böhmerwaldabflüsse näherstehend 52, das Projekt an der Aschach.

Diesen Flüssen kommt noch der besondere Wert zu, daß sie als Mittelgebirgsflüsse (Type IV) einen anderen Jahreshaushalt in der Wasserführung aufweisen als die Alpenflüsse, die sie teilweise ergänzen.

Endlich hat die Oweag die Wasserkraftnutzung an der Enns studiert und

53. mit dem Projekt Steyr-Enns (untere Enns) $H = 34\,m$, $Q = 150\,m^3/sek$ ($N =$ $= 51.000$ P. S.),

54. mit dem Projekt Sand, oberhalb Steyr, $Q = 120\,m^3/sek$, (16.000 P. S.), und anschließend flußaufwärts mit dem Projekt

55. Ternberg, $Q = 120\,m^3/sek$, $H = 17\,m$, Großkraftanlagen von 51.000 P. S., bzw. 16.000 P. S., bzw. 20.000 P. S. vorgesehen, an deren Ausbau die Gemeinde Wien ebenfalls Interesse zu nehmen scheint.

Weiter ennsaufwärts sind (zitiert nach Kurzel-Runtscheiner) noch die oberösterreichischen Ennskraftwerke

56. Losenstein mit 14.000 P. S.,

57. Reichraming mit 12.000 P. S. und

58. Kastenreith mit 10.000 P. S.

mehr oder weniger genau studiert.

β) Die Großkraftwerke der Elektrizitätswerke Stern und Hafferl A. G. in Gmunden.

Dieses Großunternehmen, das im Jahre 1901 mit bescheidenen Anfängen einsetzte, entfaltete sich dank der Initiative, Spannkraft und Zähigkeit seiner Gründer in kurzer Zeit zum größten Elektrizitätsunternehmen Österreichs für Überlandversorgung. Es betreibt heute Wasserkraftanlagen in Oberösterreich und Salzburg und versorgt, in Oberösterreich bei Aschach und bei Mauthausen die Donau übersetzend, große Teile Oberösterreichs und Salzburgs, sowie kleinere Teile von Steiermark und Niederösterreich mit Strom. Der Vorsprung, den die Stern und Hafferl A. G. den von ihr mit Energie versorgten Gebieten in steter Entwicklung des Unternehmens gegeben hat, und der sich besonders in der Zeit nach Kriegsende zu einem Segen der durch Stern und Hafferl versorgten Landgebiete gestaltete, wird in anderen Gebieten Österreichs erst in der Nachkriegszeit allmählich und langsam eingeholt.

Zu den Elektrizitätsanlagen der Stern und Hafferl A. G. gehören folgende Kraftwerksanlagen:

59. Traunfall, nördlich Gmunden, 1901 erbaut, 3600 P. S. installierte Leistung.

60. Offensee, südlich von Ebensee, obere Stufe, 1908 erbaut, 3240 P. S. installierte Leistung.

61. Offensee, untere Stufe, 1909 erbaut, 1200 P. S. installierte Leistung.

62. Schwarzensee bei St. Wolfgang, 1909 erbaut, 1520 P. S. installierte Leistung.

63. Steeg am Hallstätter See (Gosau), 1910 erbaut, 8000 + 8000 (für Eisenbahn) P. S. installierte Leistung.

64. Gosau-Zentrale III, 1912 erbaut, 2120 P. S. (Erweiterung auf 6000 P. S. vorgesehen.)

65. Groß-Arl bei St. Johann im Pongau (Salzburg), obere Stufe, 1916 erbaut, 4000 P. S.

66. Groß-Arl, untere Stufe, 1922 erbaut, 4800 P. S. (Erweiterung auf 9000 P. S. vorgesehen.)

Daneben verfügt das Unternehmen noch über die kalorische Zentrale in Frankenburg, nördlich von Vöcklamarkt, mit 1800 P. S. installierter Leistung (1921 erbaut).

67. Im Bau befindet sich das Kraftwerk „Ranna" (links der Donau), dessen geographische Position, vom kleineren Einzugsgebiet abgesehen, Ähnlichkeit mit dem Kraftwerk Partenstein aufweist. (Vgl. Übersichtskarte.) Der Speicher am Beginn des Oberwasser-Druckstollens soll erst später gebaut werden, so daß derzeit die Anlage nur für 3000 P. S. ausgebaut wird.

68. Außerdem befindet sich noch eine weitere Anlage in der Gosau, das Werk Gosau II, im Bau (1200 P. S.).

An Wasserkraftprojekten bzw. Konzessionen besitzt (nach Kurzel-Runtscheiner) die Stern u. Hafferl A. G.:

69. An der kleinen Arl (Wagrein, Salzburg), 15.000 P. S.

70. Salzach-Golling (Salzburg), 14.000 P. S.

71. Lammeröfen (Salzburg), 6000 P. S.

72. Koppentraun (Steiermark-Oberösterreich), 15.000 P. S.

73. Fuschlsee (Salzburg), 5000 P. S.

74. Zellersee (Salzburg), 1500 P. S.

Außerhalb der beiden genannten Großunternehmungen sind auf dem Gebiete der Krafterzeugung für Oberösterreich noch anzuführen:

75. Das Kraftwerk Traunleiten an der Traun bei Wels der Stadtgemeinde Wels, mit 2700 P. S. installierter Leistung, 1900 erbaut, später erweitert, ferner

75a. das Kraftwerk Helfenberg an der Kleinen Mühl der Reventeraschen Gutsverwaltung, 1922/23 erbaut, mit 900 P. S. installierter Leistung,

76. das Kraftwerk der Stadtgemeinde Ischl (700 P. S., 1904 erbaut), hauptsächlich der Eigenversorgung von industriellen Anlagen dienend,

77. das im Jahre 1923 in Betrieb genommene Kraftwerk Siebenbrunn bei Steyermühl (nördlich Gmunden) der Papierfabrik Steyermühl, mit 3600 P. S. installierter Leistung (Kaplan-Turbinen).

Dasselbe Unternehmen besitzt an Elektrizitätswerken noch 77a. das Elektrizitätswerk Gschröff an der Traun mit 1000 P. S. installierter Leistung und weiter traunabwärts 77b. das Elektrizitätswerk Kemating mit 2800 P. S. installierter Leistung.

78. Das Kraftwerk Steyrdurchbruch an der Steyr, erbaut 1908 von der Zementfabrik Hofmann in Kirchdorf a. d. Krems, mit 2000 P. S. installierter Leistung.

78a. Am Steyrling ist noch das in Preisegg von der „Steyrling G. m. b. H." in den Jahren 1922 und 1923 errichtete Werk mit 1410 P. S. installierter Leistung anzuführen.

An Projekten von Großkraftwerken in Oberösterreich seien noch jene des Kommerzialrates Hinterschweiger in Wels erwähnt, denen der Gedanke zugrunde liegt,

79. die Alm unterhalb Vorchdorf zu fassen, über Wimsbach nach Lambach zu führen und hier in einer Stufe auszunützen (13.000 P. S.) und weiters

80. die Traun zwischen Lambach und der Einmündung in die Donau in einer oder in mehreren Stufen auszunützen (verschiedene Varianten, vgl. Übersichtskarte), bei einer Kraftleistung von 94.000 P. S. Die eine dieser Varianten sieht die Ausnützung des Oberwasserkanals für Schiffahrtszwecke und die Verbindung des Welser Industriegebietes mit der Donau am Wasserwege vor.

81, 82, 83a, 83. Schließlich seien noch vier Innstufen angeführt auf der Gemeinschaftsstrecke des Inn zwischen Bayern und Oberösterreich, welche für Österreich 145.000 P. S. erwarten lassen.

Wie die Übersichtskarte zeigt, ist der Ausbau dieser vier Stufen an die vorherige Vollendung des Ausbaues des „unteren Inn" in Bayern gebunden, während

84. die Staukraftanlage bei Pyret, 5 km unterhalb Passau, ein selbständiges Werk darstellt. (Projekt der österreichischen Bundesbahnen.)

c) Großkraftwerke in Steiermark.

Steiermark umfaßt den ganzen oberen und mittleren Murlauf, mit Ausnahme des Quellgebietes der Mur, das dem salzburgischen Lungau angehört, ferner umfaßt Steiermark das obere Ennstal, mit Ausnahme des dem salzburgischen Pongau zugehörenden Quellgebietes der Enns. Somit wird der Wasserhaushalt der Kraftwirtschaft beherrscht durch die Abflußmengen von Alpenflüssen der Type II. Auch die Zubringer der Mur und Enns gehören überwiegend diesem Typus an. Nur im Mürzgebiet machen sich Merkmale von Karstflüssen bemerkbar (Lamingbach). Die Abflüsse der Fischbacher Alpen und des Wechselgebietes (Raab, Feistritz, Lafnitz) treten im Energiehaushalt des Landes an Bedeutung zurück.

Die Längenprofile der Hauptflüsse wurden bereits oben besprochen. Die seitlichen Zubringer der Enns sind in Bezug auf die Gefälle und wohl auch in Bezug auf die Speichermöglichkeiten bedeutend wertvoller als jene der Mur. Dort sind Hochdruckanlagen mit mehr als 200 *m* Gefälle unschwer zu erwirtschaften. Im Gegensatz zu den überreichen Möglichkeiten von Wasserkraftnutzungen an den steirischen Flüssen und Bächen steht die verhältnismäßige Armut an günstigen Speichermöglichkeiten. Nirgends in den Alpen finden wir eine so große Zahl von Hochgebirgsseen (insbesondere von Karseen), als gerade unmittelbar unter der Kammregion der Radstätter Tauern, welche das Mur- vom Ennsgebiet trennen. Aber diese Seen sind meist so klein, ihr Einzugsgebiet ist so eng begrenzt, ihre künstliche Verbindung zu einer größeren Gruppe wenig versprechend, so daß bei fortgeschrittener Wasserkraftnutzung in Steiermark die Frage der hydraulischen Deckung des Winterdefezits manche Verlegenheit bereiten mag. Immerhin ist eine gewisse Anzahl wertvoller, speicherfähiger Hochdruckanlagen vorhanden.

Was für Oberösterreich das Unternehmen Stern und Hafferl ist, ist für einen Teil Mittelsteiermarks die steiermärkische Elektrizitäts-Gesellschaft (Steg) in Graz, welche mit ihren beiden Werken an der Mur (85) Lebring, südlich Wildon (2400 P. S.), und (86) Peggau-Deutschfeistritz, südlich von Frohnleiten (9600 P. S., 1908 erbaut), einen großen Teil Mittelsteiermarks, jedoch mit Umgehung des Stadtgebietes von Graz, mit Strom versorgt. Die weitere Entwicklung dieses Unternehmens führte während des Krieges zur Errichtung des großen Niederdruckwerkes Faal bei Marburg (33.000 P. S.), das jedoch durch den Friedensvertrag auf jugoslawisches Gebiet zu liegen kam und dadurch für die österreichische Energiewirtschaft verloren gegangen ist.

Der Oweag ähnlich, wurde in Steiermark die „Steirische Wasserkraft- und Elektrizitäts-A.-G. („Steweag") unter Beteiligung des Landes ins Leben gerufen, welche im Jahre 1922 den Bau

87. des Teigitsch-Kraftwerkes in Angriff genommen hat und ihn voraussichtlich noch im Jahre 1924 zu Ende führen wird (24.000 P. S. installierte Leistung).

Flußaufwärts dieses mit einem Speicher von 300.000 *m³* Inhalt ausgestatteten Werkes sind noch zwei weitere Kraftwerke, und zwar

88. St. Martin mit einem Speicher von 8 bis 10 Millionen Kubikmeter bei 60 bis 75 *m* Gefälle (8000 P. S.) und

89. jenes von Edelschrott, mit einem Speicher von 30 Millionen Kubikmeter Inhalt ($H = 85—95\ m$, 12.000 P. S.) vorgesehen, so daß die Teigitschanlagen dazu ausersehen sind, als Spitzenwerke den Niederdruckwerken an der Mur über die Winterwasserklemme weitgehend hinwegzuhelfen. Weitere Speicher sind noch im Oberlauf der Teigitsch vorgesehen. (Speicher Albrechtwirt, Oberländersäge, Hirschegg.)

Vor dem Ausbau der beiden oberen Teigitschstufen mit ihren Speichern soll jedoch e i n e Gruppe von Laufwerken an der Mur, und zwar

90. die Gruppe Bruck-Frohnleiten zum Ausbau kommen (28.000 P. S.). Der Ausbau dieser Gruppe soll schon in der allernächsten Zeit in Angriff genommen werden. Sind die drei Speicherwerke an der Teigitsch und die erste Laufwerkgruppe an der Mur ausgebaut, dann soll nach dem derzeitigen Programm der Steweag die

91. zweite Laufwerkgruppe an der Mur, zwischen Puntigam und Werndorf bei Wildon, südlich von Graz (vgl. Übersichtskarte), in Angriff genommen werden (34.000 P. S.)

Eine Konkurrenzierung der Wasserkraftbauten der Steweag bereitet sich dadurch vor, daß ein Kohlenbergbau des Köflacher Reviers sich anschickt, eine moderne Großdampfzentrale einzurichten und dieselbe großenteils mit Kohlen zu betreiben, die wohl mitgewonnen werden müssen, die bisher aber wegen ihrer schlechten Qualität keinen regelmäßigen Abnehmer finden konnten.

Die Steweag hat ferner an der Mur Obersteiermarks noch Kraftwerksanlagen projektiert, von deren Aufzählung jedoch abgesehen werden kann, weil noch nicht abzusehen ist, in welcher Zeit die Geldmittel für alle diese Werke bereitgestellt werden können, und weil anderseits im Lande selbst der Absatz für so große Energiemengen fehlt. Anderseits scheiterten, bisher wenigstens, alle Verhandlungen, welche von Stromabnehmern außerhalb der Landesgrenzen geführt worden sind, um am Ausbau und am Stromabsatz von Werken, die über das Landesbedürfnis hinausgehen, werktätigen Anteil zu nehmen, oder von der Steweag Konzessionen zum Ausbau überlassen zu erhalten. Auch ein sehr maßgebender Teil der Industrie Steiermarks hat sich bisher in der Befriedigung seines Energiebedarfes außerhalb des Rahmens der Steweag beholfen.

Die Enns (siehe Kapitel III) hat in ihrem steirischen Flußlauf nur zwei steile Strecken, von denen der Ennsdurchbruch durch die Nordalpen aus zahlreichen Varianten das

92. Gesäuseprojekt der Steweag herausreifen hat lassen, welches die Ausnützung des 208 *m* betragenden Rohgefälles zwischen Gesäuseeingang und Weissenbach-St. Gallen in einer einzigen Stufe vorsieht und noch die Einschaltung eines (bzw. zweier) Tagesspeicher im Zuge der Oberwasserführung ermöglicht. Dieses Kraftwerk, das mit 180.000 P. S. Sommerleistung, auch im Winter Stundenspitzen ähnlicher Leistung zu decken gestatten würde, wäre ganz hervorragend geeignet, den Strombedarf Wiens zu decken, und es bleibt bedauerlich, daß sich Wien veranlaßt gefunden hat, seinen Bedarf schrittweise aus kleineren Eigenanlagen (Opponitz, Lunz-Kienberg) zu decken.

93 u. 94. Als Hilfskraftanlagen für die Erbauung des Gesäuses, die später in das allgemeine Licht- und Kraftnetz arbeiten sollen, hat die Steweag ferner zwei Anlagen am Erzbach mit dem Leopoldsteiner-See bei Eisenerz als Speicher und 95, eine Anlage am Radmerbach vorgesehen.

Von den sehr interessanten Wasserkraftprojekten der Steweag an den Ennszubringern seien nur jene am Talbach bei Schladming (Nr. 96, 97, 98) mit 62.000 P. S. Spitzenleistung und am

99 u. 100. Sölkbach bei Öblarn genannt. Besonders die Kraftwerksgruppe am Talbach besitzt sehr wertvolle Speichermöglichkeiten. Im ganzen hat die Steweag nach ihren Veröffentlichungen in Steiermark bisher Wasserkraftprojekte für eine Spitzenleistung von 502.200 P. S., mit einer Jahresarbeit von 1·2 Milliarden Kilowattstunden bearbeitet.

Außer der Steg und der Steweag sind an größeren allgemeinen Licht- und Kraftwerken in Steiermark noch zu erwähnen:

101. Das Wasserkraftwerk an der Mur der Stadt Bruck an der Mur (1903 erbaut, 3220 P. S.).

102. Das Kraftwerk der Stadtgemeinde Judenburg (1904 erbaut, 1300 P. S.).

103. Ferner an der Feistritz das Feistritzwerk in der Stubenbergklamm in Oststeiermark der Gemeinde Gleisdorf (1905 erbaut, 800 P. S.).

104. Auch das Raabklammwerk der Firma Pichler bei Weiz versorgt ein größeres Landgebiet mit elektrischer Energie (1910 erbaut, 1320 P. S.).

105. Das Gebiet von Leoben wird durch ein privates Wasserkraftwerk (L. Krempel) mit Strom versorgt (1905 erbaut, 1922 erweitert, 1800 P. S.).

106. Die Pölswerke (2000 P. S.) versorgen das Gebiet um Knittelfeld.

107. Ebenfalls an der Pöls besteht in Unterzeyring seit 1911 das 500 P. S. leistende Kraftwerk Neuper.

108. Daran schließt sich das 1922 vollendete Kraftwerk Katzling (2200 P. S.) der Pölser Papierfabrik, welches auch andere Industrien mit Strom beliefert.

109. Unmittelbar anschließend plant dieselbe Papierfabrik noch eine zweite Anlage ebenso großer Leistung.

110. Es folgt sodann an der Pöls die Kraftanlage der Gußstahlwerke „Styria" mit 1200 P. S. (Erweiterungsbau vollendet 1922). Von den größeren Projekten sei noch

111. jenes der Österreichisch-Alpinen Montangesellschaft angeführt (3000 P. S.).

In Abb. 12 und in dem dazugehörigen Text (II. Kapitel) ist auf die Zersplitterung des Gefälles an der Pöls mit ihren Nachteilen gegenüber einer Einheitsanlage hingewiesen.

An größeren industriellen Eigenanlagen Steiermarks seien noch erwähnt:

112. Die Kraftanlage Gratkorn an der Mur der Papierfabrik Leykam-Josefstal (in Bau bzw. Erweiterung, 3000 P. S. bzw. 9000 P. S. bei Vollausbau).

113 u. 114. Die Kraftanlagen der Zellulose- und Papierfabrik Brigl u. Bergmeister in Niklasdorf bei Leoben mit zusammen 3400 P. S. installierter Leistung.

115. Die Kraftanlage des Eisenindustriellen Dr. h. c. von Pengg am Thörlbach bei Einöd nächst Kapfenberg mit 2500 P. S. (im Bau).

116. Die Kraftanlage Strechau des Eisenwerkes D. v. Lapp in Rottenmann, eine Hochdruckanlage am Strechenbach, einem linksufrigen Zubringer des Paltenbaches, 1912 erbaut, 2000 P. S.

117. Das genannte Unternehmen, das nicht nur den Elektro-Stahlofenbetrieb, sondern auch alle mechanischen Antriebe auf Wasserkraft eingestellt hat, hat ferner den Paltenbach innerhalb des Eisenwerkes in mehreren Kraftanlagen vollständig ausgenützt und baut derzeit

118. am Paltenbach zwischen der Einmündung des Strechen- und des Lassingbaches in den Paltenbach eine Anlage mit 1320 P. S. installierter Leistung.

119. Am Sunkbach bei Trieben besitzen ferner die Veitscher Magnesitwerke eine Eigenanlage von 600 P. S. Leistung (1912 erbaut)

120. und dasselbe Unternehmen baut mit mäßigem Baufortschritt am Triebenbach eine Kraftanlage von 4000 P. S. installierter Leistung.

121. Im Ennsgebiet ist ferner noch das 1920 erbaute, mit 2200 P. S. installierter Leistung ausgerüstete[4]) Kraftwerk des Grafen Bardau anzuführen, das den Salzadurchbruch auf der Westseite des Grimming ausnützt.

122. An der Kainischtraun hatten die Ausseer chemischen Werke eine Anlage von 3000 P. S., mit dem Krafthause nahe dem Bahnhofe von Aussee im Bau, doch mußte der Bau infolge Liquidation des Unternehmens aufgelassen werden.

123. Im Murgebiet ist noch das Projekt der Gußstahlfabrik Böhler in Kapfenberg zwischen Niklasdorf und Dionysen zu erwähnen, dessen Ausbau auf 10.400 P. S. vorgesehen ist.

124. Dasselbe Unternehmen baut derzeit den Törlbach zwischen Kapfenberg und Einöd mit 1100 P. S. installierter Leistung aus.

125. An der Laming ist nur das Projekt „Steeg" unterhalb St. Kathrein a. d. Laming mit 1100 P. S. erwähnenswert.

Die Mürz ist von ihrer Mündung in Bruck a. d. Mur bis nach Mürzzuschlag (nahezu 200 m Gefälle) sehr häufig ausgenützt. Die Anlagen der Eisen- und Edelstahlindustrie dieses Gebietsteiles (Felten u. Guillaume in Bruck a. d. Mur und in Diemlach, Böhler in Kapfenberg, Alpine Montangesellschaft in Aumühl bei Kindberg, Vogel u. Noot in Wartberg, Petzold in Krieglach, Bleckmann in Mürzzuschlag), die Holzverarbeitungsstätten (Mürztaler Holzstoff- und Papierfabriks-A.-G.), mehrere Gemeinden und endlich eine Reihe kleiner Unternehmungen besitzen an der Mürz Triebwerke, zum Teil für direkten Antrieb, teilweise auch Elektrizitätswerke. Der Flußlauf ist in kleine Kraftstufen zerhackt, deren Einzelleistung immer unter 500 P. S. bleibt und die in der Übersichtskarte deshalb nicht angeführt werden.

Die Wasserkraftnutzung an der Mürz hat, der privaten industriellen Initiative überlassen, eine Lösung gefunden, die infolge der Zersplitterung des Flußlaufes nicht befriedigt, und das Fehlen einer Verbindungsleitung zwischen den einzelnen industriellen Anlagen macht die Energieausnützung noch unwirtschaftlicher.

An der Mürz hat nur das Kraftwerk

126. Kohleben (600 P. S.) mehr als 500 P. S. installierte Leistung, und (127) das weiter flußaufwärts liegende Wasserkraftprojekt der Bleckmann-Stahlwerke sieht 1592 P. S. installierte Leistung vor.

Zwischen Kohleben und Bruck a. d. Mur reihen sich: Das Elektrizitätswerk der Gemeinde Mürzzuschlag mit 250 P. S. installierter Leistung, vier Anlagen der Bleckmann-Stahlwerke

---

[4]) Ziffernangabe aus: Statistik d. österr. Elektrizitätswerke u. d. elekt. Bahnen, 2. Aufl., 1921.

zwischen Mürzzuschlag, Hönigsberg und Pichlwang mit 150 bzw. 120 bzw. 240 bzw. 210 P. S. Es folgt oberhalb Krieglach die Zentrale „Feistritz" (330 P. S.) der Firma Petzold und unterhalb Krieglach die Zentrale „Freßnitz" (220 P. S.) des gleichen Unternehmens. In Mitterndorf folgt eine Zentrale von 200 P. S. der Werke Vogel u. Noot, denen gegen Wartberg zu zwei weitere Anlagen mit je 200 P. S. desselben Unternehmens folgen. In Kindberg folgt das märktische Elektrizitätswerk mit 250 P. S. Sodann folgt in Pfaffendorf bei St. Marein eine Anlage der Mürztaler Holzstoff- und Papierfabrik mit 200 P. S., darunter eine solche des Holzunternehmens Norica mit 250 P. S. Weiter mürzabwärts sind noch das Elektrizitätswerk der Stadt Kapfenberg (400 P. S.) und die Elektrizitätsanlagen der Eisenwerke Felten u. Guillaume in Diemlach (200 P. S.) und in Bruck (drei Anlagen mit zusammen 500 P. S.) sowie eine Anlage der Böhler-Stahlwerke und der Mürztaler Holzstoff- und Papierfabrik zu erwähnen.

d) Die Großkraftwerke in Kärnten.

Kärnten gehört zur Gänze dem Draugebiet an. Bis zum Ostende der Hohen Tauern, d. i. bis zum Katschberg, haben die Kärntner Flüsse den Charakter der Type I, von der Linie Katschberg—Spittal a. d. Drau nach Osten beherrschen Flüsse des Typus II die Wasserführung.

Ähnlich lassen sich auch die Gefälle scheiden. Westlich Spittal a. d. Drau sind Fallhöhen von mehreren hundert Metern keine Seltenheit, östlich hiervon sind 100 m Gefälle in einer Anlage kaum mehr zu erreichen.

An Speichermöglichkeiten ist Kärnten besonders reich. In einzelnen Fällen bieten die Karseen der Hohen Tauern hierzu Gelegenheit, noch wertvoller aber sind die Difluenzseen und soferne ihre Ausnützung nicht zu sehr behindert wird, die glazialen Talseen.

In Kärnten besaßen nur die beiden Städte Klagenfurt und Villach hydroelektrische Großkraftanlagen für die allgemeine Licht- und Kraftversorgung.

128. Das im Jahre 1902 errichtete Kraftwerk der Stadtgemeinde Klagenfurt ist als Laufwerk an der Gurk bei Niederdorf, östlich von Klagenfurt, erbaut, es besitzt eine installierte Leistung von 3600 P. S.

129. Die Stadtgemeinde Villach besitzt in ihrem 1911 erbauten Freilaufwerk an der Gail bei Arnoldstein ein Kraftwerk von 5200 P. S.

130. Erst nach dem Kriege folgte auch die Stadtgemeinde St. Veit an der Glan mit der Errichtung eines Laufwerkes an der Gurk bei Passering am Krappfelde, das im Jahre 1922 mit 700 P. S. installierter Leistung dem Betriebe übergeben worden ist.

Ähnlich den Vorgängen in den anderen Bundesländern wurde in Kärnten unter Beteiligung des Landes im Jänner 1923 eine Aktiengesellschaft, „Kärntnerische Wasserkraft A. G." (Käwag) gegründet, welche den Zweck hat, den Ausbau der kärntnerischen Wasserkräfte teils selbst durchzuführen und auf eine Planwirtschaft in der Wasserkraftnutzung hinzuarbeiten.

131. Als erstes Produkt der Tätigkeit der Käwag geht der Bau des Forstseewerkes (der Forstsee liegt nahe am Nordufer des Wörthersees bei Saag, zwischen Velden und Pörtschach, jedoch 150 m über dem Spiegel des Wörthersees) als Speicherwerk mit 3600 P. S. installierter Leistung der Vollendung entgegen, so daß dessen Inbetriebnahme gegen Ende 1924 erwartet werden kann. Dieses Speicherwerk, dessen Einzugsgebiet künstlich vergrößert wird, wird vor allem den Freilaufwerken an der Gurk (Gemeinde Klagenfurt und Gemeinde St. Veit) über die Winterwasserklemme hinweghelfen.

132. Wie schon bei der Besprechung der Abflußmengen auseinandergesetzt worden ist, stellt der Tiebelbach wegen seiner großen Abflußmengen während der Zeit der Gurkwasserklemme, auch ohne künstliche Speicherung, eine äußerst wertvolle Ergänzung für Freilaufwerke an der Gurk dar. Diesem Umstande, der durch Eis- und Geschiebefreiheit des Flusses noch an Bedeutung gewinnt, ist es wohl vor allem zu verdanken, daß mit einer

baldigen Inangriffnahme des Ausbaues der Tiebel, unmittelbar an den Quellen einsetzend, durch die Käwag gerechnet werden kann. Allerdings ist die zu installierende Leistung nur mit 1300 P. S. zu erwarten.

133. Die Stadtgemeinde Villach erweitert ihrerseits ihre Kraftquellen durch Ausbau eines Kraftwerkes am Arriachbach, nordwestlich von Villach, woselbst bei 160 m Rohgefälle 2000 P. S. installiert werden. Der vorgesehene Speicher von 8000 m^3 Inhalt kommt allerdings nur als Tagesausgleich in Betracht. Auch dieses Kraftwerk dürfte im Jahre 1924 in Betrieb kommen.

Bedeutender als die Werke für allgemeine Licht- und Kraftversorgung sind in Kärnten die industriellen Eigenanlagen, die sich der Bergbau, die Zement- und Magnesitindustrie und die elektrochemische Industrie errichtet haben.

134. Die Bleiberger Bergwerks-Union hat in steter technischer Entwicklung schon im Jahre 1895 durch die Erbauung der Zentrale Roter Graben den Nötschbach bei Nötsch an der Gail mit einer installierten Leistung von 900 P. S. ausgebaut. Die Erbauung des im ganzen 10 km langen Kaiser Franz Josef-Erbstollens gab ferner Gelegenheit zur Errichtung einer unterirdischen Zentrale im Rudolfsschacht von 320 P. S. installierter Leistung, und in Ausnützung der teilweise in die Grube geleiteten Nötschquelle und der in der Grube zusitzenden Wässer wurde bei

135. Töplitsch im Drautale eine Wasserkraftanlage von 600 P. S. installierter Leistung errichtet. Von einer kleinen Kraftanlage im Kadutschengraben (Ostmündung des Kaiser Franz Josef-Erbstollens) abgesehen, hat die Bleiberger Bergwerks-Union noch in der Nähe ihrer Bleihütte die Gailitz ausgenützt.

136. Eine Anlage mit 1300 P. S. installierter Leistung ist daselbst beim Orte Maglern, nahe der derzeitigen italienischen Grenze, im Bau, in zwei weiteren Anlagen von (168 + 210 P. S.) wird die Gailitz bis zur Hütte ausgenützt.

So wird im weitgehend mechanisierten Bergbaubetrieb von Bleiberg Kohle für Licht- und Krafterzeugung nicht verwendet, die letzte als Reserve dienende Dampfmaschinenanlage wurde abgetragen.

136a. In dem neubelebten Schurfgebiet von Eisenkappel hat die Bleiberger Bergwerks-Union am Ebriacher Bach bei Eisenkappel im Jahre 1922/23 eine Kraftanlage mit 600 P. S. installierter Leistung errichtet.

137. Der Eisenerzbergbau in Hüttenberg der Österreichisch-Alpinen Montangesellschaft, wo der maschinelle Betrieb verhältnismäßig spät Eingang gefunden hat, hat erst im Jahre 1920 eine Wasserkraftanlage von rund 600 P. S. installierter Leistung in Betrieb genommen, die am Steirerbache (nördlicher Quellfluß des Görtschitzbaches) erbaut ist.

Von der Industrie der nicht vorbehaltenen Mineralien hat zunächst die Zementfabrik Knoch im Görtschitztal im Jahre 1910 zwischen Wieting und Klein-St. Paul eine

138. Anlage von 600 P. S. errichtet, an die sich flußabwärts eine nach dem Kriege erbaute

139. zweite Anlage von 1000 P. S. Leistung anschließt. (Darunter folgt bei Hornburg noch eine kleinere Anlage von 200 P. S.)

Die Österreichisch-Amerikanische Magnesitgesellschaft m. b. H. in Radenthein, östlich von Millstatt in Kärnten, hat nördlich von Radenthein

140. den Roßbach mit dem Kaningbach vereinigt und beide Bäche gemeinsam mit 3000 P. S. installierter Leistung, bei einem Bruttogefälle von 200 m, ausgenützt.

141. Neben dieser im Jahre 1921 vollendeten Kraftanlage besitzt das genannte Unternehmen noch die im Jahre 1913 erbaute Anlage am Twengbach, östlich von Radenthein, mit 860 P. S. installierter Leistung.

Die Kärntnerische Eisen- und Stahlwerks-Ges. in Ferlach hat für ihren Elektro-Stahlofen-Betrieb und für den Walzwerksantrieb und die übrigen Kraft- und Lichtbedürfnisse neben einer kleineren Anlage (Lindenhammer, 200 P. S.) im Jahre 1908 am Waidischbach

142. eine Kraftanlage mit 3000 P. S. installierter Leistung errichtet und

143. im Jahre 1922 am Loiblbach eine Anlage erbaut (Gabler-Zentrale) mit 1900 P. S. installierter Leistung.

144. Den Rosenbach, und weiter

145. den Bärenbach nützt die Krainische Eisenindustrie-Ges. mit je einer Anlage von je 600 P. S. aus.

145a. Das Sensenwerk J. M. Offner (Swatek) hat nächst Wolfsberg im Lavanttal, in der Gemeinde Priel, im Jahre 1922 eine hydroelektrische Kraftanlage von 500 P. S. installierter Leistung an der Lavant errichtet.

Von der elektrochemischen Industrie haben sich in Kärnten angesiedelt: die Treibacher Chemischen Werke mit zwei Kraftanlagen von je 600 P. S. (146 u. 147) an der Gurk in Treibach zur Erzeugung von Cereisen.

148. Dasselbe Unternehmen baut nach den Plänen des Ingenieurs Wallack am Mühldorfer bzw. Rückenbach bei Mühldorf im unteren Mölltal eine Reihe von Großkraftanlagen, von denen derzeit die unterste „Ergänzungsstufe" mit 2300 P. S. installierter Leistung der Vollendung entgegengeht.

149. Die „Untere Stufe" mit 12.000 P. S. vorgesehener Leistung wurde zu bauen begonnen und (150, 151) die mittlere und die obere Stufe mit je 5000 P. S. sollen in der Erbauung unmittelbar nachfolgen.

152. An weiteren Stufen sind noch die Mühldorfer Almstufe (3000 P. S.), die (153) untere, (154) mittlere und (155) obere Rückenbachstufe mit 5000 bzw. 5000 bzw. 3000 P. S. vorgesehen, so daß infolge der außergewöhnlich günstigen Gefällsverhältnisse das kleine Einzugsgebiet des Mühldorfer und Rückenbaches Kraftanlagen, von im ganzen 40.300 P. S. zuläßt, die noch den Vorteil besitzen, daß ein großer Teil des zufließenden Wassers in den hochgelegenen Karseen gespeichert werden kann.

156. Die Chemischen Werke in Weißenstein (nächst der Station Weißenstein-Kellerberg der Strecke Villach—Spittal a. d. Drau) (Wasserstoffsuperoxyd), nützen den Kreuzenbach (rechtsufriger Drauzubringer) in einer Kraftanlage bei Pogöriach aus (3000 P. S. ?).

157. Am linken Drauufer kam im Jahre 1921 eine zweite Kraftanlage dieses Unternehmens am Tscheuritzbach mit 700 P. S. in Betrieb.

158. Weiters planen die Chemischen Werke noch den Ausbau einer oberen Stufe am Kreuzenbach (2500 P. S. ?).

159. Die Elektro-Bosna hat an der Gurk nächst St. Johann am Brückl im Jahre 1904 eine Chlorkalkfabrik errichtet und versorgt dieselbe aus einem neben der Fabrik gelegenen Freilaufwerk der Gurk mit Strom (Leistung 1600 P. S. ?).

160. Ferner sei noch an der Gurk die Kraftanlage Unterbrückendorf unterhalb der Haltestelle Pölling der Eisenbahnstrecke St. Veit—Friesach mit 1400 P. S. installierter Leistung erwähnt, deren Bau der Vollendung entgegengeht.

Schließlich sind noch anzuführen: 160a. die im Jahre 1922 vollendete hydroelektrische Anlage der Scutterschen Fabriken am Seebach (Abfluß des Millstätter Sees) mit 640 P. S. installierter Leistung, weiters 160b. die 1922 erbaute Anlage am Roschitzabach, südlich von Villach, des Valentin Baumgartner mit angeblich über 500 P. S. (?) installierter Leistung und 160c. die Anlage des Industriellen Funder in Mölbling bei Treibach mit 500 P. S. installierter Leistung.

Der vorstehend gegebenen Darstellung der bestehenden Wasserkraftnutzung in Kärnten steht die Tatsache gegenüber, daß in Kärnten Darbietungen der Natur vorliegen, welche eine selten günstige Entwicklung der Großwasserkraftnutzung ermöglichen würden. Durch die Kärntner Landeskraftstelle und besonders durch Oberbaurat J. Haßler (vgl. Literaturverzeichnis) wurde die Tatsache, daß Kärnten über ganz besonders günstige, speicherfähige Wasserkräfte verfügt, mit Nachdruck betont.

Der Heranziehung der Mühldorfer Seengruppe wurde bereits Erwähnung getan.

161. Einen Speicher, dem außergewöhnlich günstige Verhältnisse zugrunde liegen, bietet der 6·6 km^2 Seefläche einnehmende, in 920 m Meereshöhe und rund 350 m über dem Drautal liegende Weißensee, mit einem Einzugsgebiet von 49·6 km^2, dessen Ufer- und Besiedlungsverhältnisse eine weitgehende Absenkung und eine Bewirtschaftung des Speicherraumes zulassen, welche nicht durch Rücksichtnahmen auf andere Interessen störend eingeengt wird. Die Untersuchungen Haßlers gipfeln in dem Ergebnis, dem Weißensee in der Zeit von (einschließlich) November bis (einschließlich) März eine Energiemenge von rund 82·2 Millionen Kilowattstunden zu entnehmen und die übrige Zeit für die Füllung des Speichers zu lassen, wobei der Silber- und der Tscherniheimer Bach ebenfalls dem Weißensee zuzuleiten wären.

Die Kärntner Landeskraftstelle rechnet mit einer Entnahme von rund 65·5 Millionen Kilowattstunden in der Zeit von Dezember bis März. Die Aufbesserung des Winterniederwassers aller Unterlieger an der Drau durch das Weißensee-Kraftwasser, die Erwärmung des Drauwassers durch den winterlichen Zusatz von Weißensee-Kraftwasser, sind Momente, welche die Bedeutung des Weißensees für die Wasserkraftnutzung Kärntens noch erhöhen.

Daß eine Naturbietung von so hervorragenden Eigenschaften nur so verwendet werden soll, daß sie den Freilaufwerken in der Zeit der winterlichen Wasserklemme zu Hilfe kommt, und daß der Wert der Freilaufwerke an der Möll, Lieser, Drau und Gurk durch ein Speicherwerk von der Größe des Weißensees ganz bedeutend gehoben wird, bedarf keiner weiteren Begründung.

162 u. 163. Die beiden einander ähnlichen Projekte der Durchleitung der Lieser durch den Millstätter See (mit einer Kraftanlage an der Einführungsstelle der Lieser in den See und einer zweiten Anlage an der Rückgabestelle im Drautal, $H_1 = 135\,m$, $H_2 = 75\,m$, $N = 34.000$ P. S.) und 164. u. 165. der Durchleitung der Drau durch den Wörthersee (mit einer Anlage in der Bucht von Velden an der Einleitungsstelle und der zweiten Anlage an der Rückgabestelle in das Wildbett der Drau bei Hollenburg-Maria Rain, zusammen 56.000 P. S.) leiden zwar an der Einschränkung, welche die Rücksichtnahme auf die Besiedlungsverhältnisse der Seeufer und auf die Badeinteressen der Bewirtschaftung des natürlichen Speicherraumes entgegensetzen, sie stellen aber dessenungeachtet sehr wertvolle Speicherkraftwerke dar. Für eine gemeinsame befriedigende Lösung der einander scheinbar widerstrebenden Interessen der Wasserkraftnutzung und der Benutzung der Seen für Bade- und für Eissportzwecke ist Oberbaurat Haßler in einer Reihe von Studien energievoll eingetreten.

166. Als Wasserspeicherung in einem Karsee ist ferner noch, analog den Verhältnissen der Mühldorfer Seengruppe, der Oschenigsee, linksufrig über dem Fragantbach (linker Möllzubringer) in 2324 m Seehöhe gelegen, studiert, der nach J. Haßler eine, für die Zeit vom Dezember bis April verfügbare Energiemenge von 9 Millionen Kilowattstunden zu speichern zuläßt.

Neben diesen großen Speichern treten die Speichermöglichkeiten, welche (167) im Faaker See (6600 P. S.) bei Villach und (168) im Keutschacher See (1200 P. S.) bei Reifnitz am Wörthersee gegeben sind, an Bedeutung zurück.

Von der Kärntner Landeskraftstelle bzw. von Ingenieur Haßler sind noch eine Reihe von Freilaufwerken an der Möll (5 Stufen: (169) Möllbrücke 20.000 P. S., (170) Außerfragant 9000 P. S., (171) Judenbrücke 1700 P. S., (172) Möllfall 4700 P. S., (173) Möllstufe Leiterbach 3800 P. S.), am Fragantbach (1 Stufe: (174) Mündungsstufe des Fragantbaches 6000 P. S.) und (175) am Nikolaibach (6000 P. S.) studiert.

An der Drau sind bisher folgende Stufen vorgesehen: (176) Sachsenburg 5700 P. S., (177) Drauhofen-Ortenburg 7700 P. S., (178) Schüttbach-Mautbrücken 10.500 P. S., (179) Wernberg 6200 P. S., (180) Glainach 9000 P. S., (181) Völkermarkt-Pirk 10.400 P. S., (182) Pirk-Lippitzbach 9400 P. S., (183) Lippitzbach-Wunderstätten 9000 P. S. und (184) Wunderstätten-Lavamünd 11.000 P. S.

In Oberkärnten wurde von der kärntnerischen Landeskraftstelle noch je eine Stufe an der Lieser (Nr. 185, obere Lieser, 16.700 P. S.), an der Malta (Nr. 186, mit 4400 P. S.) und am Gößgraben (Nr. 187, mit 900 P. S.), letztere jedoch oberhalb der Gößfälle, in Betracht gezogen.

In Mittelkärnten sind noch (188) das Zweistufenprojekt „Enge Gurk" mit 9000 P.S. und (189) eine Stufe „Glan-Unterlauf" mit 2100 P.S. und (190) eine Görtschitzstufe bei Eberstein mit 1400 P.S. zu erwähnen. Hieher gehört auch noch das Projekt (191) am Freibach, südlich der Drau mit 4800 P. S., das noch vor dem Forstsee für die Ergänzung der Versorgung der Stadt Klagenfurt im Vordergrund des Interesses stand.

In Unterkärnten wurden (192) das Projekt Lipitzbach mit 1100 P. S., das Projekt (193) Twimberg-St. Gertraud an der Lavant, nördlich Wolfsberg in Betracht gezogen (11.900 P. S.).

Neuerdings plant die Stadt Wolfsberg zur Ausgestaltung ihrer Stromversorgung (300 P. S. Wasser) eine Anlage (194) im Pressinggraben bei Frantschach im Lavanttale mit 1500 P. S. Als letztes Projekt sei noch jenes der österreichischen Alpinen Montangesellschaft (Nr. 195) bei den vier Linden, an der Einmündung des Löllingbaches in die Görtschitz mit 3500 P. S. Höchstleistung erwähnt.

Die weitgehenden, in den Seekraftwerken möglichen Speicherungen bewirken, daß einer sechsmonatlichen Leistung der hier betrachteten Anlagen von 279.500 bis 285.800 P. S. eine Leistung von 195.300 P. S. im Februar, in der Zeit der größten Wasserklemme gegenübersteht, daß also die Niedrigleistung (im Monatsmittel gerechnet) nur um rund ein Drittel kleiner ist als die sechsmonatliche Leistung.

e) Großkraftwerke in Salzburg.

Die Wasserkraftnutzung Salzburgs wird ganz überragend von der Salzach und ihren Zubringern aus den Hohen Tauern beherrscht. Somit sind der Pinzgau und der Pongau die an Großwasserkräften reichsten Gebiete des Landes. Der Wasserführung nach herrschen hier Flüsse des Typus I. Der salzburgische Lungau schneidet den obersten Murlauf von Steiermark ab. Wasserwirtschaftlich ist er ebensowenig ausschlaggebend wie der oberste Ennslauf, westlich des Mandling-Passes, der ebenfalls zu Salzburg gehört. Auch der zu Salzburg fallende Teil des Saalachgebietes steht an Bedeutung dem Salzachgebiet weit nach. Qualitativ sehr wertvoll, wenn auch quantitativ nicht ausschlaggebend, sind die Flüsse am salzburgischen Nordrand der Alpen, wegen ihres von den Hochalpenflüssen so verschiedenen Wasserhaushaltes. (Siehe Alm bei Hallein im Kapitel IV.) An Speichermöglichkeiten sind im Lande vorhanden: a) die Karseen und Karböden der Hohen Tauern, b) Flachstrecken in Trogtälern und c) Seen am Alpenrand. Allerdings reichen diese Speichermöglichkeiten nicht an das heran, was die Natur in Kärnten bietet. Dem Gefälle nach herrschen in Salzburg die Hochdruckanlagen. Gefälle von 500 m sind keine Seltenheit.

196. Die Stadt Salzburg hat im Jahre 1913 ihr Wiestalwerk an der Alm, 6 km nordöstlich von Hallein, dem Betrieb übergeben. Unter Anlegung eines Speichers von 5 Millionen Kubikmetern nutzbaren Inhaltes, wird hier der Almfluß mit 86·5 m Gefälle ausgenützt. Bei einer installierten Leistung von 6350 P. S. stieg die Jahresarbeit dieser Kraftanlage von 4 Millionen Kilowattstunden im Jahre 1914 auf 20 Millionen Kilowattstunden im Jahre 1920. Diese günstige Ausnützung wurde erreicht durch Energieexport an die elektrochemischen Werke der Dr. Alexander Wacker-Gesellschaft in Burghausen an der Salzach in Bayern.

197. Da die Leistung des Wiestalwerkes der besonders nach dem Kriege rasch steigenden Nachfrage nach elektrischer Energie nicht mehr genügte, schritt die Stadt Salzburg zur Errichtung des „Strubklammwerkes", welches nach Überwindung finanzieller Schwierigkeiten, die eine vorübergehende, fast gänzliche Baueinstellung bewirkten,

nunmehr der Vollendung entgegengeht. Das Strubklammwerk schließt unmittelbar an das Stauende des Wiestal-Speichers an und besitzt, dem Einlaufbauwerk vorliegend, bei Faistenau einen Speicher von 2 Millionen Kubikmetern nutzbaren Inhalt. Im zweiten Bauabschnitt wird noch der Hintersee mit 6·5 Millionen Kubikmetern nutzbaren Speicherinhalt dem Oberwasserstollen des Strubklammwerkes angeschlossen werden. Im Krafthaus werden vier Turbinen mit zusammen 9120 P. S. aufgestellt.

Der Wert der Speicher an der Alm wird dadurch besonders erhöht, daß, wie aus dem Diagramm (Abb. 8) ersehen werden kann, mit einer größeren jährlichen Füllungszahl gerechnet wird. Die Jahresarbeit des Strubklammwerkes wird bei Vollausbau mit 14·7 Millionen Kilowattstunden veranschlagt.

198. Die nach dem Kriege vom Lande Salzburg ins Leben gerufene „Salzburger A.-G. für Elektrizitätswirtschaft" hat mit dem Bau des „Bärenkraftwerkes" im Fuschertal begonnen. Dieses Großkraftwerk nützt die Fuscher Ache auf einer 2·3 km langen Strecke unterhalb Ferleiten beginnend, bis zum Bärenwirt oberhalb Fusch aus. Die Anlage stellt ein Freilaufwerk mit rund 220 m Gefälle und 10.300 P.S. installierter Leistung dar. Nach zweimaligen Bauunterbrechungen, hervorgerufen zuerst durch den Verfall der österreichischen Krone, sodann durch die Zerstörung des Wertes der Papiermark, ist nunmehr die baldige Fertigstellung dieses, zum großen Teil bereits vollendeten Werkes zu erwarten. Der Strom soll außer für Zwecke der allgemeinen Licht- und Kraftversorgung noch als Energiebasis für eine bei Golling in Salzburg zu errichtende Kalkstickstoffabrik der Kontinentalen Stickstoff-A.-G. „Kosag" in München dienen.

Von Großkraftwerken für allgemeine Licht- und Kraftversorgung wurden die beiden Anlagen der Stern u. Hafferl A.-G. im Groß-Arltal bei St. Johann im Pongau bereits unter Nr. 65 und 66 erwähnt. Auch die Projekte der Stern u. Hafferl A. G. auf salzburgischem Gebiet an der Kleinen Arl (69), an der Salzach (70), an der Lammer (71), am Fuschlsee (73), wurden bereits weiter oben aufgezählt.

199. Von den größeren Kraftwerken für allgemeine Licht- und Kraftversorgung in Salzburg sei nur noch jenes der Gemeinde Badgastein an der Gasteiner Ache erwähnt, das seit dem Jahre 1914 für eine Leistung von 750 KW ausgebaut ist (nach Statistik der österreichischen Elektrizitätswerke und der elektrischen Bahnen, 2. Auflage, 1921).

An industriellen Eigenanlagen größerer Leistung verfügt:

200. Die Mitterberger Kupfergewerkschaft (Bergbau Mitterberg, Kupferhütte Außerfelden bei Bischofshofen) über eine während des Krieges begonnene und im Jahre 1920 fertiggestellte Kraftanlage im Blühnbachtal bei Tänneck (Werfen) mit einer installierten Leistung von 2250 P. S.

201. Dieselbe Unternehmung baut seit mehreren Jahren an einem zweiten Freilaufwerk, durch welches der bei Außerfelden in die Salzach mündende Mühlbach unterhalb der Erzaufbereitungsanlage in Mühlbach gefaßt und durch einen 4·66 km langen Stollen dem westlichen Talhang der Salzach zugeführt wird. Der Oberwasserstollen dient zugleich als Hoffnungsbaustollen zur Untersuchung des durchfahrenen Gebirges und er wird weiters den Transport der Erze von der Aufbereitung in Mühlbach zur Kupferhütte in Mitterberg-Hütte (Außerfelden) zu übernehmen haben. Bei einem Nutzgefälle von 195·5 m sollen Generatoren mit einer Leistung von 3000 KW zur Aufstellung kommen.

202. Die Gewerkschaft Rathausberg bei Böckstein benützt den Abfluß des Bockhart-Sees zum Naßfeld für eine rund 500 P. S. leistende Kraftanlage zur Befriedigung der Licht-, Kraft- und teilweise auch der Wärmebedürfnisse dieses, über der Waldgrenze gelegenen Goldbergbaues der Hohen Tauern.

Die in Bau befindlichen Bahnkraftwerke im Stubachtal wurden bereits weiter oben (Nr. 3, 4, 5 und 6) aufgezählt.

203. Endlich besitzt die Aluminiumfabrik in Lend eine Kraftanlage an der Gasteiner Ache, die bei 885 m Länge des Oberwasserstollens 98 m Nettogefälle mit einer maximalen

konzessionierten Wassermenge von 8 m^3/sek ausnützt. (Geschätzte, installierte Leistung 7840 P. S.)

204. Dieselbe Unternehmung besitzt im westlich benachbarten Rauristal in der Kitzlochklamm eine zweite Kraftanlage, welche bei 374 m Länge der Oberwasserführung ein Gefälle von 128·7 m mit einer maximal konzedierten Wassermenge von 7 m^3/sek ausnützt. (Installierte Leistung, geschätzt 9000 P. S.)

So sind denn die Mündungsstufen der drei rechtsufrigen Salzachzubringer (Große Arl, Gasteiner Ache, Rauriser Ache) in der Durchbruchstrecke der Salzach zwischen Taxenbach und St. Johann im Pongau bereits mit Großkraftwerken besetzt. Die wasserwirtschaftlich beste Ausnützung wurde von der Stern u. Hafferl A.-G. in der Groß-Arl-Mündungsstufe durchgeführt, obschon auch hier die Zerteilung der Stufe in zwei Anlagen gegenüber der Einheitsanlage manche Nachteile hat. Aus den Mündungsstufen der Gasteiner- und der Rauriser Ache aber wurden die schönsten Gefällsstücke herausgeschnitten und eine natürliche, geographische Einheit in einer auf einen möglichst großen Augenblicksgewinn eingestellten Weise zerschnitten.

205. Im salzburgischen Anteil des Murgebietes sei endlich noch das Kraftwerk am Murfall bei Muhr im Lungau der Gemeinden des Lungaues mit 900 P. S. Leistung erwähnt. (Vorläufig 300 P. S. installiert.)

Von den Wasserkraftprojekten in Salzburg wurden jene der Elektrizitätswerke Stern u. Hafferl bereits erwähnt. Daß die Tauerntäler vom Krimml- bis zum Klein-Arltal infolge ihrer prächtigen Steilstrecken vor allem zur Projektierung reizten, ist naheliegend. Die Schwierigkeit der Tauerntäler liegt in der niedrigen Winterwasserführung, denen nur beschränkte Speichermöglichkeiten zur Seite stehen. Im günstig gestalteten Stubachtal hat die Großkraftnutzung durch die Bundesbahnverwaltung einzusetzen begonnen.

Die zahlreichen übrigen Projekte dürften wohl erst dann dem Ausbau näher gerückt werden können, wenn es gelingt, elektrochemische Industrien zur Ansiedlung zu bringen oder wenn die Frage der Stromausfuhr zum Bau anregt. Von einer Aufzählung der Projekte wird deshalb derzeit Abstand genommen.

f) Großkraftwerke in Tirol.

Der durch den Friedensvertrag bei Tirol verbliebene Landesteil besteht aus zwei Gebieten, die nicht miteinander zusammenhängen, und von denen der größere Teil den mittleren Lauf des Inn mit seinen Zubringern hochalpinen Charakters, sowie Teile des Isar-, Loisach- und Lechgebietes umfaßt (Nordtirol), während der kleinere Teil dem Drau-Ursprungsgebiet angehört (Osttirol) und hydrographisch zu Kärnten fällt.

Wieder beherrscht der Flußtypus I die Wasserabflußmengen in Tirol. Speichermöglichkeiten sind in ausgezeichneter Beschaffenheit, wenn auch nur in beschränkter Zahl vorhanden. Der Achensee übertrifft in bezug auf die Menge möglicher Energiespeicherung alle Speicheranlagen Österreichs. Gefälle von mehreren hundert Metern sind oft anzutreffen.

An Werken für die allgemeine Licht- und Kraftversorgung stehen an erster Stelle:

206. das bereits 1889 erbaute Mühlauerwerk der Stadt Innsbruck mit 3300 P. S. installierter Leistung und

207. die 1903 erbauten Sillwerke mit dem Krafthause bei Patsch an der Brennerbahn mit einer installierten Leistung von 18.500 P. S. Daß die Sillwerke mit dem Bahnkraftwerk an der Rutz (Nr. 2) hydraulisch verbunden sind, wurde bereits oben ausgeführt. Den von den Sillwerken nicht benützten Strom (vor allem im Sommer) verwendet die Paulingsche elektrochemische Fabrik in Patsch zur Erzeugung von Salpetersäure aus Luft.

208. Da die beiden genannten Kraftwerke nicht speicherfähig sind (den 2286 m hoch gelegenen Speicher beim „Hohen Moos" am Greybach, einem linksufrigen Zu-

bringer des Rutzbaches, haben die Bundesbahnen in Anspruch genommen, für die Ausnutzung von Speichermöglichkeiten im obersten Oberberger Bach, den Alpeiner Bach, hat sich ein anderes Unternehmen interessiert), hat die Stadt Innsbruck am Ausbau des Aachensee-Kraftwerkes Interesse genommen. Nach der käuflichen Erwerbung des Sees einschließlich des Schiffsparkes, verschiedener Liegenschaften und der Achenseebahn, hat die Stadtgemeinde Innsbruck ihren Besitz als Apport in eine Aktiengesellschaft eingebracht, an der Wiener Großbanken wesentlich beteiligt sind. Da diese Großbanken gleichzeitig an sehr bedeutenden chemischen Industrien interessiert sind, steht die Ausnützung des Großkraftwerkes Achensee für allgemeine Licht- und Kraftzwecke, und vor allem für elektrochemische Zwecke zu erwarten. Auch die Bundesbahnen haben, allerdings in finanziell weniger ungünstigen Zeiten, ihre Interessenahme an einem Achensee-Werk ausgesprochen. Der $929\,m$ hoch gelegene Achensee hat bei $6{\cdot}75\,km^2$ Seefläche ein Einzugsgebiet von $106{\cdot}2\,km^2$ und ergibt bei einer Absenkung um $5\,m$ einen nutzbaren Speicherraum von $36{\cdot}4$ Millionen Kubikmetern oder bei $10\,m$ Absenkung einen solchen von $66{\cdot}6$ Millionen Kubikmetern. Dadurch, daß der Achensee nur etwas über $4\,km$ vom Inntal entfernt, und rund $400\,m$ über dem Inntal liegt, stellt er einen Speicher dar, der auch jenen des Weißensees in Kärnten in Bezug auf den Energieinhalt übertrifft (135 Millionen Kilowattstunden), und der für Spitzenleistungen bis eventuell zu 100.000 P. S. ausgebaut werden soll. Zwecks entsprechender Ausnützung dieses prächtigen, natürlichen Speichers ist für den Vollausbau eine künstliche Vergrößerung des Einzugsgebietes durch Zuleitung nicht nur des Unteraubaches, sonden auch des Ampelsbaches mit gleichzeitiger Anlage eines kleineren Speichers ($10{\cdot}6$ Millionen Kubikmeter) im Gebiete des Ampelbaches geplant.

Nach den Verlautbarungen über den Stand der finanziellen und rechtlichen Verhandlungen kann mit einer baldigen Inangriffnahme des Kraftwerkbaues, für die erste Ausbaugröße wenigstens (ohne Ampelsbach), gerechnet werden.

209. Die Stadtgemeinde Hall besitzt in der 1916 in Großvoldersberg südlich von Hall, erbauten Anlage ein allgemeines Licht- und Kraftwerk mit 1000 P. S. installierter Leistung und

210. in der 1912 erbauten Anlage Absam-Hall ein Kraftwerk von 800 P. S. installierter Leistung.

211. Die beiden vorgenannten Anlagen sind parallelgeschaltet mit der Überlandzentrale der „Elektrizitätswerke Voldertal G. m. b. H.", welche ein 1910 erbautes Kraftwerk von 1000 P. S. installierter Leistung besitzen.

212. Im östlichen Nachbartal, dem Wattenstal, besitzt die Fabrik für Glasedelsteine Swarovski in Wattens eine Kraftanlage von rund 500 P. S. installierter Leistung, welche Energie bei Tag zum Betrieb der Glasschleiferei, bei Nacht zur elektrothermischen Herstellung von Korund (Tyrolit-Schleifscheiben) ausgenützt wird.

213. Im Vompertal bei Schwaz besitzt die Aktiengesellschaft „Elektrizitätswerk am Vomperbach" eine 1898 erbaute, 1903 und 1910 erweiterte Freilaufanlage mit 1300 P. S. installierter Leistung, welche teils für allgemeine Licht- und Kraftwerke, teils für die Chloratfabrik des Aussiger chemischen Vereines in Schwaz Verwendung findet.

Von größeren allgemeinen Licht- und Kraftwerken seien noch erwähnt:

214. Die Anlage der Gemeinde Telfs, 560 P. S.,

215. die 1904 mit 5000 P. S. erbaute Überlandzentrale der Marktgemeinde Reutte in Nordtirol am Archbach (Plansee) und

216. die 1910 mit 800 P. S. installierter Leistung erbaute Anlage der Stadtgemeinde Lienz in Osttirol.

217. An industriellen Eigenanlagen ist zunächst das von der staatlichen Bergbauverwaltung in Jochberg erbaute, im Jahre 1922 dem Betriebe übergebene Kraftwerk Jochberg bei Kitzbühel mit 750 P. S. an der Jochberger Ache anzuführen,

218. sowie die „Tiroler Kaiserwerke" G. m. b. H. mit der 1905 mit 2800 P. S. installierter Leistung ausgestatteten Kraftanlage, welche den Abfluß des Hintersteiner Sees südöstlich von Kufstein ausnützt. Die hier gewonnene Energie bedient großenteils die nahegelegenen Zementfabriken.

Das Bahnkraftwerk am Rutzbach wurde bereits weiter oben erwähnt.

219. Die derzeit größte elektrochemische Anlage Tirols, die Karbidfabrik in Landeck, besitzt in Wiesberg, an der Vereinigung von Trisanna und Rosanna, eine 1902 erbaute Kraftanlage mit 12.000 P. S. installierter Leistung, welche die Trisanna und Rosanna in einem gemeinsamen Krafthause ausnützt.

220. An die Sillwerke der Stadt Innsbruck sillaufwärts schließt sich das Kraftwerk der Brennerwerke G. m. b. H. an der Sill an, welches mit 6000 P. S. installierter Leistung die Sill bei Matrei am Brenner zur Erzeugung von Ferrosilizium ausnützt.

221. In Ausführung, infolge ungeklärter finanzieller Verhältnisse allerdings mit sehr langsamem Baufortschritt, befindet sich ferner das große Inn-Pitz-Ötz-Projekt („Westtiroler Großkraftwerke") des Zivilingenieurs Dr. E. v. Posch, das eine zu installierende Leistung von 94.000 P. S. im Krafthause von Roppen bei Imst vorsieht. Nur der die Ötz betreffende Teil dieser Großkraftanlage ist mit allerdings sehr bescheidenen Mitteln in Angriff genommen (Fensterstollen bei Sautens). Der den Inn und den Pitzbach betreffende Teil des Projektes harrt noch der Ausführung.

Daß mangels an einem Bedürfnis für die hier zur Erschließung kommenden Energiemengen die Stromverwertung nur in elektrochemischer Industrie oder in einem Stromexport gefunden werden kann, bedarf keiner weiteren Erläuterung.

222. Ähnlich liegen die Verhältnisse für die Zillertaler Kraftwerks A.-G., welche den Tuxer-Bach, den Zemmbach und den Stillupbach, und somit den größten Teil des Abflusses der Zillertaler Alpen in einem gemeinsamen Krafthause mit einer Sommer-Leistung von 50.000 P. S. ausnützen will (vgl. Abb. 13).

223. In Osttirol ist die Gegend bei Huben, 19 *km* nordwestlich von Lienz, wasserwirtschaftlich deshalb besonders interessant, weil hier drei Bäche, und zwar die Isel, der Defereggen Bach und der Kalser Bach mit Steilstrecken einmünden (vgl. Längenprofile Tafel I, Abb. 17 und Tafel II, Abb. 19). Außer von Projekten der Staatsbahn liegt hier auch Interessenahme von Privaten vor, die derzeit zunächst nur den Defereggen Bach und von diesem auch nur den unteren, nicht ganz 2 *km* langen Teil der 4 *km* langen Steilstrecke auszubauen beabsichtigen. Die Ausnützung der ganzen Steilstrecke würde ein Rohgefälle von rund 270 *m* gegen rund 170 *m* des unteren Teiles allein ergeben, ohne daß das Einzugsgebiet eine wesentliche Einbuße erlitte.

224. An kleineren Anlagen seien noch angeführt: Die Zillertaler Elektrizitätsgesellschaft in Zell am Ziller mit einer Anlage von 650 P. S. installierter Leistung am Stillupbach, für allgemeine Licht- und Kraftversorgung und

225. die industrielle Eigenanlage der Perlmooser Zementfabrik mit 1200 P. S. installierter Leistung.

226. Am Sparchenbach das Elektrizitätswerk der Gemeinde Kufstein mit 500 P. S. und

227. das Elektrizitätswerk der Messingwerke Achenrain an der Brandenberger Ache mit 640 P. S.

Die Bundesbahnen allein haben in Tirol 24 Wasserkraftprojekte bearbeitet und alle größeren Innzubringer sowie eine Reihe von Speichermöglichkeiten (Rifflsee, Achensee, Hohes Moos oberhalb Ranalt u. m. a.) in den Kreis ihrer Studien einbezogen. Von einer Aufzählung kann mit Rücksicht darauf, daß eine Ausführung dieser Projekte in nächster Zeit wohl nicht zu erwarten ist, abgesehen werden.

Es möge hier der Hinweis genügen, daß nach Ing. K. Innerebner die Spitzenleistung der derzeit in Tirol bauwürdigen Wasserkräfte mit 750.000 P. S. veranschlagt wird.

g) Großkraftwerke in Vorarlberg.

Die Wasserkraftnutzung Vorarlbergs stützt sich vor allem auf den Rheinnebenfluß, die Ill und deren Zubringer, also auf Flüsse hochalpinen Charakters. Nur die direkt in den Bodensee mündende Bregenzer Ache gehört in ihren Eigenschaften den Alpenrand- bzw. Voralpenflüssen an. Daneben verfügt das Land Vorarlberg in seinen Karseen noch über einige sehr wertvolle natürliche Speicherbecken.

Die Vorarlberger Kraftwerke G. m. b. H. besitzen in dem im Jahre 1908 vollendeten

228. Kraftwerk Andelsbuch an der Bregenzer Ache mit 10.800 P. S. installierter Leistung das derzeit größte Kraftwerk in Vorarlberg, welches mit dem bereits im Jahre 1901 errichteten

229. Kraftwerk Bregenz-Rieden, ebenfalls an der Bregenzer Ache, mit 550 P. S. installierter Leistung parallel arbeitet. Derselben Gesellschaft gehört auch das

230. bereits im Jahre 1898 erbaute Kraftwerk Dornbirn mit 750 P. S. installierter Leistung.

231. Dem Gebiete der Bregenzer Ache gehört auch das im Jahre 1908 mit 710 P. S. installierter Leistung errichtete Kraftwerk der Gemeinde Egg im Bregenzerwalde an.

Die bedeutendsten Kraftwerke Vorarlbergs gehören jedoch dem Flußgebiet der Ill an. Beim Austritt der Ill aus den Alpen in die Ebene des Rheintales liegt das 1910 erbaute

232. Kraftwerk Giesingen der Spinnerei F. M. Hämmerle mit 2000 P. S. installierter Leistung.

233. Flußaufwärts folgt das 1906 mit 2400 P. S. installierter Leistung erbaute Kraftwerk der Stadt Feldkirch.

234. In Bludenz setzt das mit 900 P. S. installierter Leistung erbaute Werk der Stadtgemeinde Bludenz ein, welches auch Strom empfängt von dem

235. die Mündungsstufe des Alvierbaches ausnützenden Kraftwerke Bürs, das von der Textilfirma Getzner, Mutter u. Co. mit 3000 P. S. installierter Leistung erbaut worden ist.

236. Dieselbe Firma nützt in ihrer Spinnerei in Bürs die Ill mit 1000 P. S. installierter Leistung aus.

237. Auch 1 *km* oberhalb Nenzing besitzt diese Firma eine Wasserkraftanlage am Mengbach mit 1800 P. S. installierter Leistung.

238. An der Einmündung des Alfensbaches in die Ill ist die Lorünser Zementfabrik im Begriffe, den Alfensbach in einer rund 3 *km* Baulänge besitzenden Kraftanlage mit 3000 P. S. zu installierender Maschinenleistung auszubauen.

239. Bei Schruns im Montafoner Tal hat im Jahre 1900 die Montafoner Bahn A. G. den dort einmündenden Litzbach für Bahnzwecke mit 550 P. S. ausgebaut. Das Werk liefert auch allgemeinen Licht- und Kraftstrom und es versorgt auch den Bau des 15 *km* entfernten Spullersee-Kraftwerkes mit Strom; zu diesem Zweck wurde die Leistung des Werkes erhöht. Im Gebiete des Alfensbaches wurde das Spullersee-Kraftwerk der Bundesbahnen bereits eingangs erwähnt.

Die Wasserkraftnutzung Vorarlbergs, welche bereits vor dem Kriege einen verhältnismäßig hohen Stand der Entwicklung zeigte, beruhte größtenteils auf Anlagen von privaten Unternehmern. Erst nach dem Kriege gelang unter Beteiligung des Landes die Gründung der Vorarlberger Landeskraftanlagen, die sich aus finanziellen Gründen in zwei Gesellschaften zerlegte, an deren einer (Vorarlberger Landes-Elektrizitäts-Aktiengesellschaft in Bregenz) das Land Vorarlberg mit 52% beteiligt ist.

240. Diese Aktiengesellschaft steht im Begriff, das Kraftwerk „Gampadels" am Gampadelsbach, 1·5 *km* oberhalb Tschagguns im Montafoner Tal, zu vollenden. Außer dem Gampadelsbach werden dem Oberwasser dieser Kraftanlage noch die „Ledererquellen" zugeführt, deren Wassermengen 380 *sekl* und Temperatur (5·5⁰ R im Winter, 6·5⁰ R im Sommer) nahezu konstant sind. Die Spitzenleistung des Gampadelswerkes wird 13.000 P. S. betragen.

241. Als speicherfähige Ergänzung des Gampadelswerkes ist der Ausbau einer oberen Stufe, mit Einbezug des 2102 *m* hoch gelegenen Tilisunasees, als Speicherbecken seitens der Vorarlberger Landes-Elektrizitäts-A.-G. geplant.

Unter Mitwirkung des Landes Vorarlberg wurde ferner noch eine österreichische Aktiengesellschaft gegründet, deren Aktienkapital jedoch in Schweizer Franken eingezahlt ist und deren Geschäftsführung ebenfalls in Schweizer Franken verrechnet. An dieser „großen A.-G." sind die Bündner Kraftwerke A.-G. (Schweiz) und der Bezirksverband der schwäbischen Elektrizitätswerke (Württemberg) beteiligt, jedoch bestehen mit dem Lande Vorarlberg Vereinbarungen bezüglich Bautermine für die Ausführung von Großkraftanlagen, ferner betreffend Stromlieferungen an das Land usw.

242. Als erstes Großkraftwerk der „großen A.-G." dürfte das Lünersee-Kraftwerk, mit dem 1943 *m* hochgelegenen Lünersee als Speicher zur Ausführung kommen. Bautechnisch verspricht hier die Lösung der Abdichtungsfrage des Sees besonders interessant zu werden. Der Lünersee soll im ersten Ausbau auf eine Spitzenleistung von 60.000 P. S. gebracht werden.

243. Endlich soll die obere Ill von der gleichen Gesellschaft mit 30.000 P. S. ausgebaut werden.

Die Bundesbahnen besitzen in Vorarlberg 14 Wasserkraftprojekte am Mengbach (linksufriger Zubringer im Unterlauf der Ill), am Lutzbach (rechtsufriger Zubringer im Unterlauf der Ill), am Litzbach und an der Alfens, am Vorarlberger Anteil des Lech und an der Weißach (Bregenzer Ache).

3. Kleinkraftnutzung in Österreich.

Ordnet man die Angaben der „Statistik der österreichischen Elektrizitätswerke und der elektrischen Bahnen" (nach dem Stande vom 1. Jänner 1920, 2. Auflage, 1921) nach Anlagen zwischen 499 und 100 P. S. installierter Maschinenleistung, ferner nach Anlagen zwischen 99 und 20 P. S. und endlich nach Anlagen zwischen 1 und 19 P. S., so ergeben sich:

98 Anlagen zwischen 499 und 100 P. S., mit zusammen 20.090 P. S., oder 205 P. S. pro Anlage, ferner 170 Anlagen zwischen 99 und 20 P. S., mit zusammen 7963 P. S., oder 46·8 P. S. pro Anlage, ferner 48 Anlagen zwischen 19 und 1 P. S., mit zusammen 616 P. S., oder 12·8 P. S. pro Anlage. Im ganzen somit 316 Anlagen mit zusammen 28.669 P. S.,

Außerdem erwähnt die genannte Statistik noch 73 Anlagen, von denen genauere Daten nicht vorliegen. Teilt man diese rund 80 Anlagen im gleichen Schlüssel wie vorstehend auf, so errechnet sich eine installierte Leistung für alle diese Anlagen von 7156 P. S., also von rund 8000 P. S., so daß für den Stand vom 1. Jänner 1920 für die Elektrizitätswerke unter 500 P. S. installierter Leistung eine gesamte Turbinenleistung von 36.000 P. S. angesetzt werden kann.

Da nach dem Jahre 1920 die materielle Lage der Landwirtschaft noch relativ günstig war, die Flucht vor der österreichischen Krone aber das einzige Mittel war, sich vor deren Entwertung zu schützen, hat in den Jahren 1920, 1921 und zum Teil 1922 die Kleinwasserkraftnutzung gerade durch landwirtschaftliche Betriebe sehr rege eingesetzt, so daß die Ziffer von 36.000 P. S. heute wesentlich höher sein dürfte.

4. Wasserkraftnutzung ohne Elektrizitätserzeugung.

Der Kraftübertragung durch mechanische Hilfsmittel bedient sich der größte Teil der österreichischen Mühlenindustrie.

In der Textilindustrie ist ebenfalls neben dem elektrischen Antrieb auch der Antrieb durch die älteren Methoden der Kraftübertragung vielfach in Gebrauch. In der Kleineisenindustrie, besonders in den Hammerwerken, überwiegt vielfach der direkte mechanische Antrieb den elektrischen. Schätzungsweise sind in Österreich (mit Ausnahme

Wiens) in Sensen-, Sicheln-, Hacken-, Messer- und Feilenfabriken usw. und in Fabriken und Werkstätten für landwirtschaftliche Maschinen etwa 12.000 P. S. Wasserkraft in Verwendung. Dampf-, Rohöl- und Sauggasmaschinen dürften in diesen Industrien im Ausmaß von etwa 2000 P. S. arbeiten.

Die größte Wasserkraftnutzung ohne elektrischem Antrieb weist die Holzindustrie auf. Von den 4234 Wassersägewerken (gegenüber 260 Dampfsägewerken) Österreichs, ohne Burgenland, abgesehen, benützen auch die Holzschleiferei und Pappenfabrikation die Turbinen zum direkten Antrieb der Schleifereien. Die Standortfrage der Sägewerke und der Holzschleifereien ist meist in derselben Art gelöst, in der früher die Standortfrage der Kleineisenindustrie gelöst worden ist. Nur ist mit Rücksicht auf die weite Verbreitung des Waldes gegenüber der spärlicheren Verbreitung der Eisenerze die Zahl der Sägewerke und Holzschleifereien eine entsprechend höhere. Die Leistung einer Wassersäge, mit 8 bis 10 P. S. angenommen, ergibt Wasserkräfte von rund 34.000 bis 42.000 P. S., die durch die Sägewerke gebunden sind. Aus dem „Adressenbuch der Papierhalbstoff- und Pappenfabriken Österreich-Ungarns" (XIII. Aufl., 1918) wurden für das Gebiet des heutigen Österreichs folgende Ziffern zusammengestellt:

In 96 Pappenfabriken waren zusammen 18.830 P. S. installiert, so daß 196 P. S. auf eine Anlage kommen. In weiteren 40 Pappenfabriken waren zusammen 32.670 P. S. installiert, so daß 817 P. S. auf eine Anlage kommen.

Somit waren in 136 Anlagen Österreichs 51.400 P. S. installiert. Dazu kommen noch etwa 20 Anlagen, über welche keine genaueren Angaben bekannt sind, so daß in Österreich etwa 55.000 P. S. Wasserkraft in der Pappen- und Papierfabrikation festgelegt sind.

In der Zellulosefabrikation herrscht der elektrische Antrieb vor und in den 19 Zellulosefabriken Österreichs arbeiten neben der Dampfkraft noch schätzungsweise über 25.000 P. S. Wasserkraft.

Übrigens scheint hier eine Erweiterung der Anwendung des elektrischen Stromes sich dort vorzubereiten, wo günstige Strombezugsbedingungen zur Erwägung anregen, sich durch die Kombination des elektrischen Dampfkessels mit dem Ruths-Dampfspeicher von der Kohle völlig unabhängig zu machen.

5. Großkraftzentren.

Wenn auch Erzeugungs- und Verbrauchszentren der elektrischen Energie in ihrer Ortslage technisch weitestgehend voneinander unabhängig sind, so wird schon wegen der Fernleitungskosten und wegen der Leitungsverluste der Großverbraucher elektrischer Energie bei sonst freier Standortswahl die Nähe von Großkraftzentren aufsuchen. Besonders trifft dies bei der elektrochemischen Großindustrie zu.

Es werden deshalb nachstehend einige Örtlichkeiten Österreichs aufgezählt, die dadurch ausgezeichnet sind, daß Leistungen von über 50.000 P. S. (zumindest in den Monaten April bis Oktober) in einer Entfernung von wenigen Kilometern von diesen „Großkraftzentren" durch die Ausnützung von Wasserkräften zu erzielen sind. Diese Aufzählung macht jedoch keineswegs Anspruch auf Vollständigkeit, auch ist die Zahl der möglichen Kombinationen wesentlich größer, als hier ausgeführt ist. Von Westen nach Osten seien kurz erwähnt:

1. Das Großkraftzentrum von Bludenz in Vorarlberg. Lüner- und Tilisunasee als Speicherwerke, die Laufwerke an der Ill, am Litzbach, an der Alfens, am Meng- und Lutzbach, kurz, der überragende Teil der Energieerzeugungsmöglichkeiten von Vorarlberg liegt innerhalb eines Kreises von 15 *km* Durchmesser. Nach dem derzeitigen Stand der Wasserkraftnutzung Vorarlbergs wird ein großer Teil der innerhalb dieses Kreises zur Erzeugung gelangenden Energie, vor allem nach Württemberg, ausgeführt werden.

2. **Das Großkraftzentrum von Imst in Tirol.** Die Schaffung dieses Zentrums liegt dem Projekt der Westtiroler Großkraftwerke (Projekt E. v. Posch) zugrunde, welches Inn, Pitz und Ötz in einem Krafthause mit 94.000 P. S. arbeiten läßt. Aber auch die oberen Stufen des Pitzbaches, der Ötz, der Faggenbach, die Sanna u. a. liegen von dem genannten Zentrum nur 15 *km* bzw. 20 *km* entfernt, so daß auch noch wesentliche Erhöhungen der Leistungsfähigkeit dieses Zentrums auf weit über 100.000 P. S. denkbar sind. Nachteilig an diesem Zentrum ist nur der Umstand, daß die Flüsse, welche hier zur Ausnützung gelangen sollen, alle dasselbe, oder nahezu dasselbe Wasserregime haben, so daß die Winterwasserklemme des Großkraftzentrums die Summe der gleichzeitig einsetzenden Wasserklemmen der Zubringer ist. Speicher liegen wohl im Rifflsee, in den Finstertaler Seen und im Mittellauf des Stuibenbaches (künstliche Sperre, Projekt der Bundesbahnen) vor, von einem Jahresausgleich kann aber nicht die Rede sein.

3. **Das zweite Tiroler Großkraftzentrum** in dem hier gebrauchten Sinne, liegt bei Mayrhofen im Zillertal, woselbst die Zillertaler Kraftwerks A. G. mit einer Leistung (aus Tuxerbach, Zemmbach und Stillupbach) von 50.000 P. S. rechnet. In 10 *km*, bzw. weniger als 10 *km* Entfernung von dieser Kraftanlage ergeben sich die Ausnützungsmöglichkeiten für den Ziller- und den Gerlosbach. Von kleineren Speichermöglichkeiten abgesehen, liegt der Achensee nur rund 30 *km* von diesem Großkraftzentrum entfernt.

4. **In Salzburg** ist die örtliche Konzentration der hydraulischen Energiequellen allerdings nicht so in die Augen springend wie bei Bludenz, bei Imst oder im Zillertal, aber die rund 25 *km* lange Strecke des Pinzgaues zwischen Krimml und Mittersill bietet in der Krimmler Ache, dem Ober- und Unter-Sulzbach, dem Habach, Hollersbach und Felberbach eine Reihe wertvoller Energiespender, deren Sommerleistung 50.000 P. S. weit übersteigt. Das wertvolle Stubachtal scheidet als bereits für Bahnkraftwerke in Anspruch genommen, aus diesen Erörterungen aus.

5. **In Oberösterreich** umspannt ein Kreis von 15 *km* Halbmesser das Ennskraftwerk „Untere Enns" mit einer projektierten Sommerleistung von 45.000 P. S., ferner beide Varianten des Hinterschweigerschen Traunprojektes mit einer vorgesehenen Sommerleistung von rund 80.000 P. S., das Rodlprojekt mit einer projektierten Spitzenleistung von 7000 P. S., und er erreicht nahezu noch das Donauprojekt „Aschach", so daß innerhalb des Kreises eine Sommerleistung von 282.000 P. S. zu liegen kommt.

6. **Das Donauprojekt Wallsee** (166.000 P. S. Sommerleistung) liefert ein weiteres Großkraftzentrum.

7. **Die Donauwasserkräfte „Tullnerfeld"** (155.000 bzw. 270.000 P. S.) und

8. **Wien-Marchfeld** (147.000 P. S.) wären ebenfalls hier anzuführen.

9. **Endlich** liefert der österreichische Innanteil an der österreichisch-bayrischen Gemeinschaftsstrecke mit 140.000 P. S. ein weiteres Großkraftzentrum.

10. **In Steiermark** überragt das projektierte Ennsgroßkraftwerk „Gesäuse" alle anderen Energiedarbietungen. In den Kreis von 15 *km* Radius fallen hier ferner noch die Kraftwerke Erzbach und Radmer; ferner das Salzakraftwerk Palfau-Salzamündung und das Ennskraftwerk Salzamündung-Altenmarkt. Allerdings ist die nächste Umgebung des Gesäusekraftwerkes für größere Siedlungen nicht sehr geeignet, wohl aber bieten die Diluvialterrassen über dem Ennstal oder das Becken von Admont weite Buchten.

11. **Im oberen Ennstal** reicht die Kraftdarbietung zwischen dem Sölk- und dem Talbach an die hier besprochene Größenordnung zwar nicht ganz heran, hingegen ist hier die Möglichkeit zu einer weitgehenden Wasserspeicherung gegeben.

12. **Ein Großkraftzentrum** mit selten weitgehendem Jahresausgleich stellt das Gebiet um Spittal a. d. Drau in Kärnten vor. Zieht man zunächst nur vier Werke

in Betracht, und zwar: 1. die unterste Möllstufe bei Möllbrücken, 2. den Nikolaibach,
3. den Lieser-Millstätter See (Zweistufenanlage) und 4. den Weißensee, so ergibt sich eine

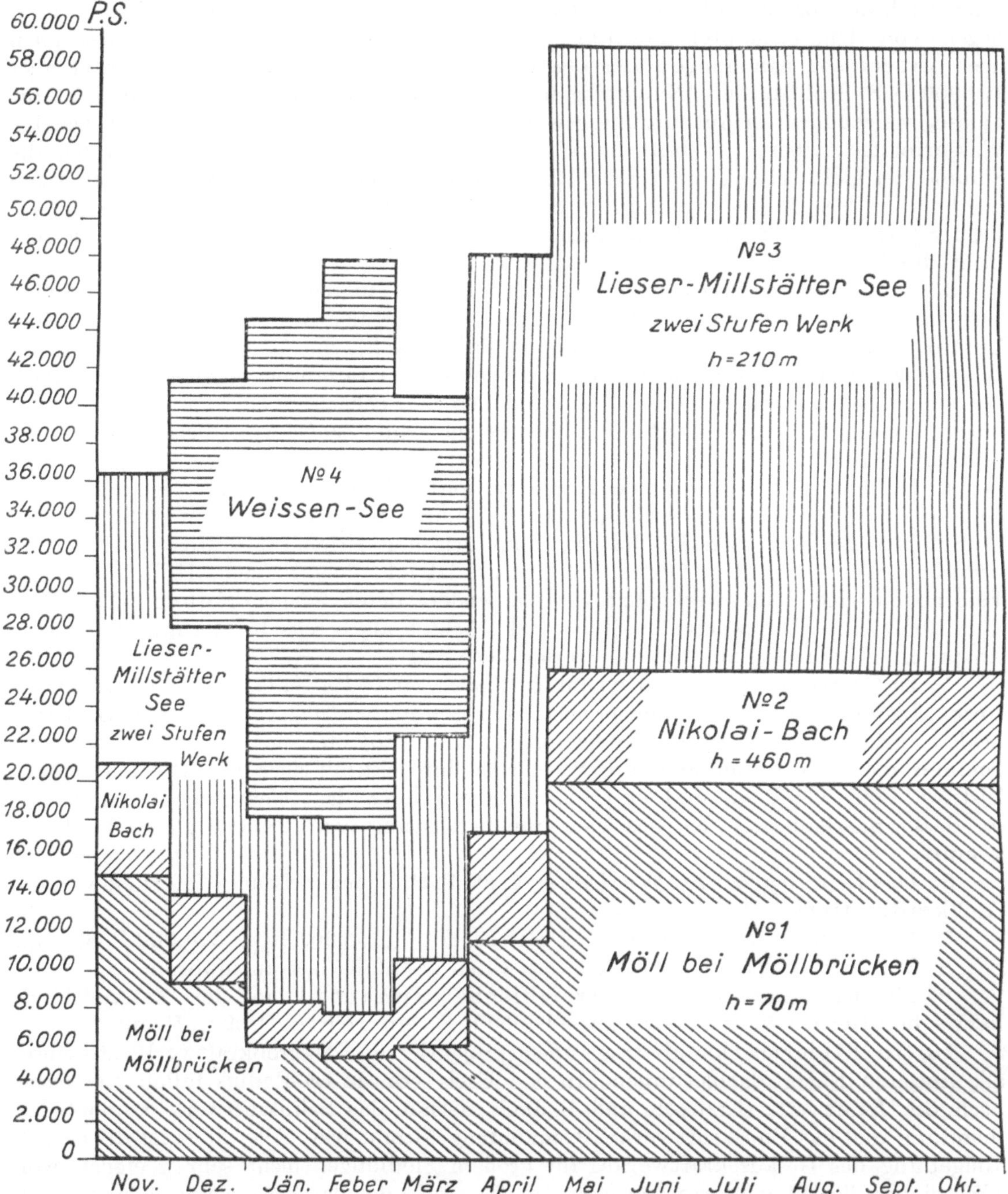

Abb. 23. Das Großkraftzentrum Spittal a. d. Drau (Kärnten).

Sommerleistung von 60.000 P. S., die infolge des Weißenseespeichers auch im Winter
stets über 40.000 P. S. gehalten werden kann, so daß die Winterleistung nie unter zwei
Drittel der Sommerleistung zu sinken braucht. Die in Abb. 23 nach den Angaben der

„Kärntner Landeskraftstelle" dargestellte Leistung der genannten vier Werke stellt eine Jahresarbeit von rund 335 Millionen Kilowattstunden dar, und zwar entfallen hievon 195 Millionen Kilowattstunden auf die sechs Monate von Mai bis Oktober und 140 Millionen Kilowattstunden auf die sechs Monate von November bis April, d. h., die Arbeit der sechs Wintermonate ist nahezu drei Viertel der Arbeit der sechs Sommermonate. Zwei weitere Annehmlichkeiten dieses Großkraftzentrums liegen einerseits in der Aufteilung des Bauaufwandes auf vier Anlagen, anderseits in der Möglichkeit, durch weitere sechs Stufen an der Möll, Drau, Lieser und Malta die Sommerleistung auf 120.000 P. S. zu steigern, während die Winterleistung dann noch immer mindestens 76.000 P. S. beträgt.

13. Ein weiteres Großkraftzentrum Kärntens liegt in der Gegend Klagenfurt-Ferlach, mit dem Drau-Wörtherseewerk als Hauptenergiespender, zu dem noch das Drauwerk „Glainach" sowie neben den kleinen Speichern Forstsee und Keutschacher See, Laufwerke an der Gurk und an der Glan kommen.

14. Im Draugebiet sei endlich noch ein größeres Kraftzentrum mit schrittweiser Entwicklungsmöglichkeit des Ausbaues erwähnt, d. i. jenes von Huben, 18·5 km nordwestlich von Lienz. In Huben ist der Wurzelpunkt des weiträumigen Einzugsgebietes der Isel, des Defreggerbaches und des Kalser Baches. Die Lage von Huben ist, der Form des Einzugsgebietes nach, ähnlich der Lage von Unterzeyring im Pölsgebiet oder von Mayrhofen im Zillertal (vgl. Tafel V, Übersichtskarte und Abb. 12 u. 13). Alle drei Flüsse haben Steilstrecken flußaufwärts von Huben und fallen mit rund 140 m (Isel), 270 m (Defreggerbach) und 260 bzw. 340 m (Kalser Bach) zu dem unterhalb Huben sanftgeneigten Talboden der Isel ab. An Arbeitsfähigkeit erreicht dieses Kraftzentrum allerdings auch nicht annähernd die Jahresarbeit der vorher geschilderten Zentren.

Es ist nicht uninteressant, die Verteilung der Großkraftzentren kleinerer Größenordnung in ähnlicher Weise durchzubesprechen, sofern es sich darum handelt, die Standortsfrage einer Industrie von bekanntem Kraftbedarf und bekanntem, zu erwartenden Zuwachs des Kraftbedarfes, vom Standpunkt der Energieversorgung aus zu beleuchten und die vernünftigen Standortsmöglichkeiten gegeneinander abzuwiegen, um die günstigste Lösung dieser Frage für jeden speziellen Fall zu finden.

In der nachfolgenden tabellarischen Übersicht der Wasserkraftanlagen Österreichs wurden nur Anlagen mit mehr als 500 P. S. installierter Leistung aufgenommen. Tabelle und Karte stimmen in den Nummern überein. In der Karte erfolgte die Einzeichnung der Anlagen nicht schematisch, sondern für jede Anlage wurden, soweit es der Kartenmaßstab zugelassen hat, Wasserentnahmestelle, Oberwasserführung, Wasserschloß und Krafthaus in Übereinstimmung mit den tatsächlichen Anlagen oder Projekten eingetragen.

Als Quellen dienten: die im Literaturverzeichnis angeführten Behelfe, ferner zahlreiche Bereisungen des Verfassers, die sich auf alle größeren Wasserkraftbauten Österreichs und Bayerns erstreckten und schriftliche Anfragen bei jenen Werken, welche nicht besucht werden konnten. In den wenigen Fällen, in welchen mangels eigener Erhebungen eine genaue Fixierung der Bauanlage in der Übersichtskarte nicht möglich war, trägt die Tabelle den Vermerk „nicht eingezeichnet".

Verzeichnis

der in der Übersichtskarte 1:600.000 dargestellten Wasserkraftanlagen von über 500 P. S. installierter Leistung und der wichtigsten Projekte für Großkraftanlagen.

(Die fortlaufenden Zahlen stimmen mit den Nummern der Übersichtskarte und mit dem Text S. 42—69 überein.)

Fortlaufende Nummer	Bundesland	Name des Kraftwerkes	Eigentümer	Zweck des Kraftwerkes	Dem Betriebe übergeben, bzw. Betriebseröffnung zu erwarten — installierte Leistung in Pferdestärken + (vorgesehene Erweiterung)					Projekt		
					bis 1914	1914 bis 1918	1918 bis 1923	1924	1925 oder später			
1	**Vorarlberg**	Spullersee	Österr. Bundesbahnen	Bahnkraftwerk	—	—	—	4×6000 =24.000	—	+(2×6000) =12.000	Speicherwerk für Jahresausgleich	Stromlieferung für die Strecke Bregenz-Arlberg-Innsbruck, versorgt außerdem die Mittenwaldbahn mit Strom.
2	**Tirol**	Rutzwerk	detto	detto	8.000	—	8.000	—	—	—	Laufwerk	
3	**Salzburg**	Tauernmoos-Enzingerboden	detto	detto	—	—	—	—	—	in Bau	Speicherwerk f. Jahresausgl. Speicher: Tauernmoosboden, Speicher Weißsee.	Stromversorgung d. Strecken: Salzburg—Schwarzach-St. Veit—Gastein—Villach und Schwarzach-St. Veit—Saalfelden—Wörgl.
4	**detto**	Schneiderau	detto	detto	—	—	—	—	—		—	
5	**detto**	Grünsee-Enzingerboden	detto	detto	—	—	—	360	—	80.000	Vorläufig als Hilfskraftwerk erbaut. Speicher: Grüner See.	
6	**detto**	Vorder-Stubach	detto	detto	—	—	—	—	—		Das Speicherwasser arbeitet d. ganze Gefälle bis zur Stubachmündung ab.	

7	**Kärnten**	Mallnitz-Kraftwerk bei Ob. Vellach	Österr. Bundesbahnen	Bahnkraftwerk	—	—	—	—	16.000	—	Laufwerk. Speichermöglichkeiten vorhanden. Stromversorgung der Strecken: Salzburg—Schwarzach-St. Veit—Gastein—Villach und Schwarzach-St. Veit Saalfelden—Wörgl.
7a	**Ober-österreich**	Steeg am Hallstätter See	Stern u. Hafferl	Bahnkraftwerk zum Teil	—	—	8.000	—	—	—	Laufwerk. Speicher in den oberliegenden Stufen ausgebaut. Stromlieferung für die Strecke: Steinach—Irdning—Attnang-Puchheim.
8	**Kärnten**	Mallnitz Obere Stufe	Österr. Bundesbahnen	Tunnellüftung allgem. Versorgung	1.600	—	—	—	—	—	Als Kraftwerk für die Erbauung des Mallnitz—Böcksteintunnels erbaut. Dient jetzt zur Lüftung des Tunnels, später für allgemeine Licht- und Kraftversorgung vorgesehen.
		Summe der für Zwecke der österr. Bundesbahnen derzeit ausgebauten, im Bau befindlichen und fest projektierten Pferdestärken			9.600	—	16.000	24.000	16.000	92.000	157.600 P. S. Die weiteren Projekte der Bundesbahnen für das Gebiet westlich von Salzburg—Villach sowie die zahlreichen Projekte für das östlich der genannten Linie gelegene Bahnnetz wurden in dieser Zusammenstellung nicht aufgenommen.

Bundesbahnen: ausgebaut 25.600 P. S.; im Bau 40.000 P. S.; in Vorbereitung 92.000 P. S.

9	**Nieder-österreich**	Opponitz	Wag	Teilversorgung Wiens	—	—	—	12.300	—	—	Laufwerk. Schneidet den Bogen der Ybbs bei Hollenstein ab. Jahresarbeit 47 Millionen Kilowattstunden.
10	**detto**	Gaming	detto	detto	—	—	—	—	4.500	—	Laufwerk mit konstanter Wassermenge. Nützt das Gefälle der zweiten Wiener Hochquellenleitung zwischen Lunz und Gaming aus. Jahresarbeit 23 Millionen Kilowattstunden.

Fortlaufende Nummer	Bundesland	Name des Kraftwerkes	Eigentümer	Zweck des Kraftwerkes	Dem Betriebe übergeben, bzw. Betriebseröffnung zu erwarten					Projekt	
					bis 1914	1914 bis 1918	1918 bis 1923	1924	1925 oder später		
					Installierte Leistung in Pferdestärken + (vorgesehene Erweiterung)						
11	**Nieder-österreich**	Ois-Lunzer See	Wag	Teilversorgung Wiens	—	—	—	—	—	—	Zweistufenwerk. Künstlicher Speicher im Oistal; Speicher Lunzer See.
12	**detto**	Göstling	detto	detto	—	—	—	—	—	—	Ybbs-Stufe oberhalb Göstling.

Wag: Summe der ausgebauten bzw. im Bau befindlichen Pferdestärken = 16.800.

Fortlaufende Nummer	Bundesland	Name des Kraftwerkes	Eigentümer	Zweck des Kraftwerkes	bis 1914	1914 bis 1918	1918 bis 1923	1924	1925 oder später	Projekt	
13	**Ober-österreich**	Donau-kraftwerk Aschach	—	detto	—	—	—	—	—	150.000	Ausbau in der nächsten Zeit nicht sehr wahrscheinlich; wenn durchgeführt, so wahrscheinlich unter Mitwirkung der „Wag" und der „Newag". Schiffahrt im Werkskanal.
14	**detto**	Donau-kraftwerk Wallsee	—	detto	—	—	—	—	—	166.000	
15	**Nieder-österreich**	Donau-kraftwerk Tullnerfeld	—	detto	—	—	—	—	—	155.000	Bei Ausbau auf 9 monatl. Wasser, bzw. 270.000 P. S. bei Ausbau auf 6 monatl. Wasser. Dreistufenanl.
16	**detto**	Donaukraftw. Wien-March-feld	—	detto	—	—	—	—	—	147.000	Summe der Donauprojekte derz. bearbeitet = 618.000 P. S. Dreistufenanlage.
17	**detto**	Donau-kraftwerk Marchfeld	—	detto	—	—	—	—	—	—	Variante von Nr. 16.
18	**Nieder-österreich**	Mirawerk	Newag	Allgem. Licht- und Kraftversorg.	900	—	—	—	—	—	—

Nr.	Land		Besitzer								Bemerkungen
19	Nieder-österreich	Kehrbachwerk „Ungarfeld"	Newag	Allgem. Licht- und Kraftversorg.	—	700	—	—	—	—	Laufwerk.
20	detto	Kehrbachwerk „Föhrenwald"	detto	detto	—	—	1.400	—	—	—	Laufwerk.
21	detto	Kehrbachwerk „Brunnenfeld"	detto	detto	—	—	—	1.400	—	—	Laufwerk.
22	detto	Werk „Wienerbruck"	detto	Schmalsp. Bahn St. Pölten-Mariazell und allg. Licht- u. Kraftversorg.	5.000	—	—	—	—	—	Speicher „Wienerbruck" an der Lassing und Speicher „Erlauf-klause" an der Erlauf. Erweiterte Ausnützung des Erlaufsees als Speicher vorgesehen.
23	detto	Erlaufboden	detto	Allg. Licht- u. Kraftversorg. und Bahn	—	—	—	5.000	—	—	Nützt das Speicherwasser von Wienerbruck, Erlaufklause und Erlaufsee aus.
24	detto	Oberndorf bei Traismauer	detto	Allg. Licht- u. Kraftwerk	—	—	—	1.400	—	—	Laufwerk. **„Newag":** Summe der bisher ausgebauten bzw. im Ausbau befindl. Wasserkräfte = **15.800 P. S.**
25	detto	Kehrbachwerk „Akademie"	Industriewerke „Wöllersdorf"	detto	—	800	—	—	—	—	—
26	detto	Kehrbachwerk „Neunkirchen"	Gemeinde Neunkirchen	detto	—	—	—	—	—	950	Zwischen dem Kraftwerk „Föhren-wald" (Nr. 20) und Neunkirchen (Nr. 26) liegen am Kehrbach noch vier Kraftanlagen, u. zw.: a) Pittner Papierf., b) Holzschleiferei Slonek, c) Buntpapierfabr., d) Holzstoffabr. F. Engelhardt. Von Neunkirchen flußaufw. weitgehende Ausnützg. der Schwarza und des Pittenbaches für industr. Eigenanlagen d. Holz-, Papier- und Eisenindustrie.

Fortlaufende Nummer	Bundesland	Name des Kraftwerkes	Eigentümer	Zweck des Kraftwerkes	Dem Betriebe übergeben, bzw. Betriebseröffnung zu erwarten					Projekt	
					bis 1914	1914 bis 1918	1918 bis 1923	1924	1925 oder später		
					installierte Leistung in Pferdestärken + (vorgesehene Erweiterung)						
27	**Nieder-österreich**	Kalter Gang Blumau	Staatsfabrik Blumau	Allg. Licht- u. Kraftw. u. ind. Eigenanlage	—	—	1.200	—	—	—	Weitere kleinere Anlagen an der Piesting oberh. u. unterh. Wöllersdorf. (Raketendörfl, Wopfing).
28	detto	Hohenstein a. d. Krems	Gemeinde Krems	Allg. Licht- u. Kraftwerk	—	—	1.000	—	—	—	—
29	detto	„Erlauf"	Gemeinde Melk	detto	—	—	—	1.000	—	—	Laufwerk.
30	detto	Merkstätten a. d.Erlauf	Newag	detto	—	—	—	—	—	3.000	Laufwerke.
31	detto	Purgstall a. d. Erlauf	detto	detto	—	—	—	—	—		—
32	detto	Pöggstall am Weitenbach	detto	detto	—	—	—	—	—	4.000	Speicherwerk.
33	detto	Kehrbach	detto	detto	—	—	—	—	—	1.000	Laufwerk. Auf der Karte nicht eingetragen.
34	detto	Kalter Gang Piesting	Staatsfabrik Blumau	Allg. Licht- u. Kraftw. u. industr. Eigenanlage	—	—	—	—	—	1.000	Laufwerk.
35	detto	Wurmbrand-Sagenbach am Zwettlbach	Waldviertler El. Genossenschaft	Allg. Licht- u. Kraftwerk	—	—	—	—	—	1.080	
36	detto	Rosenau-Zwettl am Zwettlbach	detto	detto	—	—	—	—	—	1.000	
37	detto	Schönbach-Rappottenstein am Kl. u. Gr. Kamp	detto	detto	—	—	—	—	—	3.000	

38	**Nieder-österreich**	Ulissenbach-Zwettl am Gr. Kamp	Waldviertler El. Genossenschaft	Allg. Licht- u. Kraftwerk	—	—	—	—	—	2.100	Speicherwerke 22.700 P. S.
39	**detto**	Flachau-Ottenstein	detto	detto	—	—	—	—	—	2.950	
40	**detto**	Waldreich-Dobrawald-Hütten	detto	detto	—	—	—	—	—	5.700	
41	**detto**	Dobrawald-Hütten Krumau	detto	detto	—	—	—	—	—		
42	**detto**	Krumau-Turnberg	detto	detto	—	—	—	—	—	1.470	
43	**detto**	Wegscheid-Wanzenau	detto	detto	—	—	—	—	—	5.400	
44	**detto**	Amstetten	Gemeinde Amstetten	detto	1.450	—	—	—	—	—	Laufwerk, nicht eingezeichnet.
45	**detto**	Horn am Kampfluß	Gemeinde Horn	detto	810	—	—	—	—	—	—
46	**detto**	Waidhofen a. d. Ybbs	Gem. Waidhofen a. d. Y.	detto	660	—	—	—	—	—	Laufwerk.
47	**detto**	Ybbs	Firma Wüster in Ybbs	detto	610	—	—	—	—	—	Laufwerk, nicht eingezeichnet.
48	**detto**	Kraftwerk II an der Ybbs	Gem. Waidhofen a. d. Y.	detto	—	—	900	—	—	—	Laufw. an der Ybbs, bei Schwellöd, Gemeinde Schwarzenberg.
48a	**detto**	Kraftw. Gerstl an der Ybbs	Eisenwerke vorm. Wertich	Industrielle Eigenanlage	—	—	870	—	—	—	Laufwerk in Gerstl an der Ybbs, Gemeinde Sonntagsberg.

Niederösterreich. Newag, ausgebaut: 8000 + kleinere Werke mit zusammen 800 P. S.; im Bau: 7800 P. S.; andere, ausgebaut: 9300 P. S.; Summe ausgebaut und im Bau: 25.100 P. S., dazu „Wag" 16.800 = 41.900 P. S. Newag, projektiert: 8000 P. S.; andere, projektiert: 24.650 P. S.; Summe projektiert: 32.650 P. S. ohne Donau. Donauprojekte = 302.000 P. S.

Fortlaufende Nummer	Bundesland	Name des Kraftwerkes	Eigentümer	Zweck des Kraftwerkes	Dem Betriebe übergeben, bzw. Betriebseröffnung zu erwarten					Projekt	
					bis 1914	1914 bis 1918	1918 bis 1923	1924	1925 oder später		
					installierte Leistung in Pferdestärken + (vorgesehene Erweiterung)						
49	**Ober-österreich**	Partenstein Große Mühl	Oweag	Allg. Licht- u. Kraftwerk	—	—	—	30.000	—	15.000	Derzeit Wochenspeicher ausgebaut (760.000 m^3). Speicher mit 40 Mill. Kubikmet. bei Haslach vorgesehen.
50	**detto**	Große Rodl bei Grammastätt.	Österr. Bundesbahnen	detto	—	—	—	—	—	8.000	Laufwerk mit Tagesspeicher.
51	**detto**	Schwarze Aist	Oweag	detto	—	—	—	—	—	2.500	Laufwerk mit Tagesspeicher.
52	**detto**	Aschach	—	detto	—	—	—	—	—	2.000	Laufwerk mit Tagesspeicher.
53	**detto**	Untere Enns	Oweag	detto	—	—	—	—	—	51.000	Laufwerk, gemeinsamer Ausbau mit der Wag wahrscheinlich.
54	**detto**	Enns bei Sand	detto	detto	—	—	—	—	—	16.000	
55	**detto**	Enns bei Ternberg	detto	detto	—	—	—	—	—	20.000	Summe oberösterreichische Enns + Enns der Gemeinschaftsstrecke zwischen Ober- und Niederöster- reich = 123.000 P. S.
56	**detto**	Enns bei Losenstein	detto	detto	—	—	—	—	—	14.000	
57	**detto**	Enns bei Reichraming	detto	detto	—	—	—	—	—	12.000	
58	**detto**	Enns bei Kastenreith	detto	detto	—	—	—	—	—	10.000	

Oweag ausgebaut bzw. im Bau: 30.000 P. S.; projektiert: 142.500 P. S.

59	**detto**	Traunfall nördl. Gmunden	Stern u. Hafferl	detto	3.600	—	—	—	—	—	Laufwerk.

60	**Ober-österreich**	Offensee, südl. Ebensee obere Stufe	Stern u. Hafferl	Allg. Licht- u. Kraftwerk	3.240	—	—	—	—	—	Speicher.
61	**detto**	Offensee untere Stufe	detto	detto	1.200	—	—	—	—	—	—
62	**detto**	Schwarzensee-St. Wolfgang	detto	detto	1.520	—	—	—	—	—	—
63	**detto**	Steeg, Gosau am Hallstättersee	detto	8000 P. S. für Eisenbahn, 8000 P. S. für Chemie	16.000	—	—	—	—	—	Die Aufstellung des Bahnaggregates erfolgte erst im Jahre 1923. (Bahnstrecke Steinach—Irdning—Attnang-Puchheim.)
64	**detto**	Gosau Zentrale III	detto	Allg. Licht- u. Kraftwerk	2.120	—	—	—	—	4.000	Speicherwerk.
65	**Salzburg**	Groß Arl obere Stufe	detto	detto	—	4.000	—	—	—	—	Ist bei Oberösterreich im Summarium nicht mitgezählt, sondern erscheint bei Salzburg.
66	**detto**	Groß Arl untere Stufe	detto	detto	—	—	4.800	—	—	5.000	
67	**Ober-österreich**	Ranna	detto	detto	—	—	—	—	3.000	+ 6.000	Wochenspeicher.
68	**detto**	Gosau II	detto	detto	—	—	—	—	1.200	—	Speicher.
69	**Salzburg**	Kleine Arl	detto	detto	—	—	—	—	—	15.000	
70	**detto**	Salzach-Golling	detto	detto	—	—	—	—	—	14.000	Erscheint bei Salzburg ausgewiesen. Nicht eingezeichnet.
71	**detto**	Lammer-Öfen	detto	detto	—	—	—	—	—	6.000	
72	**Oberösterr. Steiermark**	Koppen-Traun	detto	detto	—	—	—	—	—	15.000	Wehranlage in Steiermark, Krafthaus in Oberösterreich — daher Schwierigkeiten!

Fortlaufende Nummer	Bundesland	Name des Kraftwerkes	Eigentümer	Zweck des Kraftwerkes	Dem Betriebe übergeben, bzw. Betriebseröffnung zu erwarten					Projekt	
					bis 1914	1914 bis 1918	1918 bis 1923	1924	1925 oder später		
					installierte Leistung in Pferdestärken + (vorgesehene Erweiterung)						
73	**Salzburg**	Fuschl-See	Stern u. Hafferl	Allg. Licht- u. Kraftwerk	—	—	—	—	—	5.000	Erscheint bei Salzburg ausgewiesen.
74	**Ober-österreich**	Zeller See	detto	detto	—	—	—	—	—	1.500	In der Karte nicht eingezeichnet.

Stern u. Hafferl. In Oberösterreich ausgebaut und im Bau: 31.880 P. S.; projektiert: 26.500 P. S. — In Salzburg ausgebaut und im Bau 8800 P. S.; projektiert: 45.000 P. S. — Im ganzen ausgebaut und im Bau: 40.680 P. S.; projektiert: 71.500 P. S.

Fortlaufende Nummer	Bundesland	Name des Kraftwerkes	Eigentümer	Zweck des Kraftwerkes	bis 1914	1914 bis 1918	1918 bis 1923	1924	1925 oder später	Projekt	
75	**Ober-österreich**	Traunleiten bei Wels	Stadtgemeinde Wels	Allg. Licht- u. Kraftwerk	2.700	—	—	—	—	—	—
75a	**detto**	Helfenberg a. d. Kl. Michl	Gutsverwalt. Revertera	Industrielle Eigenanlage	—	—	900	—	—	—	—
76	**detto**	Ischl	Stadtgemeinde Ischl	Allg. Licht- u. Kraftwerk	700	—	—	—	—	—	In der Karte nicht eingezeichnet.
77	**detto**	Siebenbrunn a. d. Traun	Papierfabrik Steyrermühl	Industrielle Eigenanlage	—	—	3.600	—	—	—	—
77a	**detto**	Elektr. Werk Gschroff a. d. Traun	Papierfabrik A.-G. Steyrermühl	detto	1.000	—	—	—	—	—	—
77b	**detto**	Elektr. Werk Kemating	Papierfabrik Steyrermühl	detto	2.800	—	—	—	—	—	—
78	**detto**	Steyr-Durchbruch	Zementfabrik Hoffmann in Kirchdorf	detto	2.000	—	—	—	—	—	—
78a	**detto**	Preisegg am Steyrling	Steyrling G. m. b. H.	—	—	—	1.410	—	—	—	—

Nr.	Land	Anlage	Unternehmen	Art						Summe	Bemerkungen
79	Oberösterreich	Alm-Lambach			—	—	—	—	—	13.000	Projekt Hinterschweiger, Wels.
80	detto	Traun-Lambach-Linz			—	—	—	—	—	94.000	
81											—
82		4 Innstufen der Gemeinschaftsstrecke des Inn zwischen Österreich und Bayern, österr. Anteil								145.000	—
83											—
84											—

Oberösterreich. Oweag ausgebaut, bzw. im Bau: 30.000 P. S.; Stern und Hafferl ausgebaut und im Bau: 31.880 P. S.; Gemeinden und Private ausgebaut und im Bau: 15.110 P. S.; Summe ausgebaut und im Bau: 76.970 P. S. — Oweag projektiert: 142.000 P. S.; Stern und Hafferl projektiert: 26.500 P. S.; Bundesbahnen, Gemeinden und Private projektiert: 115.000 P. S.; Anteil am Inn projektiert: 145.000 P. S.; Summe projektiert: 428.500 P. S. ohne Donau. Donauprojekte: 316.000 P. S.

Nr.	Land	Anlage	Unternehmen	Art						Summe	Bemerkungen
85	Steiermark	Lebring a. d. Mur	Steierm. Elektr. Gesellschaft	Allg. Licht- u. Kraftwerk	2.400	—	—	—	—	—	Laufwerke.
86	detto	Peggau-Deutsch-Feistritz, Mur	detto	detto	9.600	—	—	—	—	—	

Summe „Steiermärkische Elektrizitäts-Gesellschaft" (Steg) 12.000 P. S.

Nr.	Land	Anlage	Unternehmen	Art						Summe	Bemerkungen
87	Steiermark	Teigitsch	Steweag	Allg. Licht- u. Kraftw. + (Bahn?)	—	—	—	24.000	—	18.000	Tages- und Wochenspeicher. Erweiterung soll nach Ausbau des Edelschrottspeichers erfolgen.
88	detto	St. Martin a. d. Teigitsch	detto	detto	—	—	—	—	—	8.000	Speicher von 8—10 Mill. Kubikmeter; $h = 60$—$75\,m$.

| Fortlaufende Nummer | Bundesland | Name des Kraftwerkes | Eigentümer | Zweck des Kraftwerkes | Dem Betriebe übergeben, bzw. Betriebseröffnung zu erwarten | | | | | Projekt | |
| | | | | | bis 1914 | 1914 bis 1918 | 1918 bis 1923 | 1924 | 1925 oder später | | |
					installierte Leistung in Pferdestärken + (vorgesehene Erweiterung)						
89	**Steiermark**	Edelschrott, Teigitsch	Steweag	Allg. Licht u. Kraftwerk und Bahn	—	—	—	—	—	12.000	Speicher, 30 Millonen Kubikmeter Inhalt. $h = 85—95\,m$.
90	**detto**	Mur: Bruck-Frohnleiten	detto	detto	—	—	—	—	—	28.000	Laufwerk, zwei- oder dreistufig.
91	**detto**	Mur: Punti-gam-Werndorf	detto	detto	—	—	—	—	—	34.000	Laufwerk, zweistufig.
92	**detto**	Enns, Gesäuse	detto	detto	—	—	—	—	—	200.000	Tagesspeicher in der Wolfsbachau.
93	**detto**	Erzbach mit Leopoldsteiner See	detto	detto	—	—	—	—	—	3.500	Leopoldsteinersee bei Eisenerz als Speicher. 6 bzw. 8 Mill. Kubikmeter nutzbarer Speicherraum.
94	**detto**	Erzbach untere Stufe	detto	detto	—	—	—	—	—	7.000	Leopoldsteiner See bei Eisenerz als Speicher.
95	**detto**	Radmer-Bach	detto	detto	—	—	—	—	—	4.500	Laufwerk.
96	**detto**	Rissachsee Talbach	detto	detto	—	—	—	—	—	10.000	Speicher Rißachsee = 13 Millionen Kubikmeter.
97	**detto**	Giglachsee Talbach	detto	detto	—	—	—	—	—	16.000	Speicher Giglachsee 6·5 Millionen Kubikmeter.
98	**detto**	Untertal-Schladming	detto	detto	—	—	—	—	—	36.000	Speicher Tetter 20 Millionen Kubikmeter.

Nr.	Land	Anlage	Besitzer	Art							Bemerkungen
99	**Steiermark**	Sölk untere Stufe	Steweag	Allg. Licht- u. Kraftwerk und Bahn	—	—	—	—	—	37.500	Speicher Brauer 9 Millionen Kubikmeter, Speicher Hopfgartner usw. Die Murwerke Judenburg—Zeltweg und Peggau—Weinzödl (14.000 + + 35.000 P. S. = 49.000 P. S.) wurden hier nicht mehr einbezogen.
100	**detto**	Große Sölk obere Stufe	detto	detto	—	—	—	—	—	9.300	

Steweag im Bau: 24.000, Projekte: 423.800 P. S.

Nr.	Land	Anlage	Besitzer	Art							Bemerkungen
101	**Steiermark**	Stadtgemeinde Bruck a. d. Mur	Stadtgemeinde Bruck a. d. Mur	Allg. Licht- u. Kraftwerk	3.220	—	—	—	—	—	Laufwerke.
102	**detto**	Murwerk Judenburg	Stadtgemeinde Judenburg	detto	1.300	—	—	—	—	—	
103	**detto**	Feistritz-Stubenbergklamm	Gemeinde Gleisdorf	detto	800	—	—	—	—	—	
104	**detto**	Raabklamm	Pichler Weiz	detto	1.320	—	—	—	—	—	
105	**detto**	Murwerk Leoben	L. Krempel, Leoben	detto	1.800	—	—	—	—	—	
106	**detto**	Pölswerke	Pölswerke Elektr. Ges.	detto	2.000	—	—	—	—	—	
107	**detto**	Unterzeyring	Neuper Unterzeyring	detto	500	—	—	—	—	—	
108	**detto**	Pölswerk Katzling	Papierfabrik Pöls	detto	—	—	2.200	—	—	—	
109	**detto**	Pölswerk Pöls	detto	detto	—	—	—	—	—	2.200	

Fortlaufende Nummer	Bundesland	Name des Kraftwerkes	Eigentümer	Zweck des Kraftwerkes	bis 1914	1914 bis 1918	1918 bis 1923	1924	1925 oder später	Projekt	
					Dem Betriebe übergeben, bzw. Betriebseröffnung zu erwarten						
					installierte Leistung in Pferdestärken + (vorgesehene Erweiterung)						
110	**Steiermark**	Pölswerk „Styria"	Blechwalzwerk Wasendorf	Industrielle Eigenanlage	—	—	1.200	—	—	—	
111	**detto**	Pölswerk Zeltweg	Alpine Montangesellschaft	detto	—	—	—	—	—	3.000	
112	**detto**	Murwerk Gratkorn	Papierfabrik Gratkorn	detto	—	—	—	3.000	—	6.000	Laufwerk. Erweiterung auf 9000 P. S. Gesamtleistung vorgesehen.
113	**detto**	Murwerk Niklasdorf	Papier- u. Cellulosefabrik Niklasdorf	detto	3.400	—	—	—	—	—	
114	**detto**	detto	detto	detto		—	—	—	—	—	Laufwerke.
115	**detto**	Thörlbach bei Einöd	Gewerke Dr. v. Pengg	detto	—	—	—	—	2.500	—	
116	**detto**	Strechau	Eisenwerke Lapp Rottenman	detto	2.000	—	—	—	—	—	
117	**detto**	Paltenbach	detto	detto	—	—	800	—	—	—	Daneben noch zwei kleinere Laufwerke am Paltenbach.
118	**detto**	Paltenbach Rottenmann	detto	detto	—	—	—	—	1.320	—	Im Bau.
119	**detto**	Sunkbachwerk	Veitscher Magnesit-Industrie A. G.	detto	600	—	—	—	·	—	Laufwerk.

											Bemerkungen
120	**Steiermark**	Trieben-bachwerk	Veitscher Magnesit-Industrie A. G.	Industrielle Eigenanlage	—	—	—	—	4.000	—	Im Bau.
121	detto	Salza bei St. Martin a. d. Enns	Graf Bardeau	detto	—	—	2.200	—	—	—	Angabe unsicher.
122	detto	Kainisch-Traun Aussee	Ausseer chem. Werke	detto für Elektro-chemie	—	—	—	—	—	3.000	Bau infolge Liquidation d. Unternehmens eingestellt.
123	detto	Murwerk Dionysen	Gußstahlfabrik Böhler	Industrielle Eigenanlage	—	—	—	—	—	10.400	Laufwerk.
124	detto	„Kendlbach" am Thörlbach	Gußstahlfabrik Böhler	detto	—	—	—	—	1.100	—	Im Bau.
125	detto	Steeg a. d. Laming	Steirische Magnesit-Industrie	detto	—	—	—	—	—	1.100	Konzession noch nicht erteilt.
126	detto	Kohleben a. d. Mürz	Mürzzuschlager Holz- u. Kraftwerke	detto	—	—	600	—	—	—	Erweiterungsbau auf 600 P. S. erst später durchgeführt.
127	detto	Mürzwerk	Stahlwerk Bleckmann	detto	—	—	—	—	—	1.592	

Steiermark. Steweag ausgebaut, bzw. in Bau: 24.000 P. S.; Steg ausgebaut: 12.000 P. S.; andere ausgebaut, bzw. im Bau: 35.910 P. S.; Summe ausgebaut und im Bau: 71.910 P. S. — Steweag projektiert: 502.200 P. S.; andere projektiert: 27.292 P. S.

											Bemerkungen
128	**Kärnten**	Gurkwerk	Stadtgemeinde Klagenfurt	Allg. Licht- u. Kraftwerk	3.600	—	—	—	—	—	Laufwerke.
129	detto	Gailwerk	Stadtgemeinde Villach	detto	5.200	—	—	—	—	—	
130	detto	Gurkwerk Passering	Stadtgemeinde St. Veit an d. Gl.	detto	—	—	700	—	—	—	

Fortlaufende Nummer	Bundesland	Name des Kraftwerkes	Eigentümer	Zweck des Kraftwerkes	Dem Betriebe übergeben, bzw. Betriebseröffnung zu erwarten					Projekt	
					bis 1914	1914 bis 1918	1918 bis 1923	1924	1925 oder später		
					installierte Leistung in Pferdestärken + (vorgesehene Erweiterung)						
131	**Kärnten**	Forstseewerk	Käwag	Allg. Licht- u. Kraftwerk	—	—	—	3.600	—	—	Speicherwerk.
132	detto	Tiebelbach	detto	detto	—	—	—	—	—	1.300	Ausbau fest beschlossen.
133	detto	Arriach-Werk	Stadtgemeinde Villach	detto	—	—	—	2.000	—	—	Tagesspeicher.
134	detto	Nötschbach-werk Roter Graben	Bleiberger Bergwerks-Union	Industrielle Eigenanlage	900	—	—	—	—	—	Laufwerk.
135	detto	Töplitsch im Drautale	detto	detto	600	—	—	—	—	—	Ausnützung der Grubenwässer und der Nötschquelle.
136	detto	Gailitzwerk bei Thörl-Maglern	detto	detto	—	—	—	1.300	—	—	Laufwerk, zwischen 136 und der Bleihütte in Gailitz noch zwei Anlagen (168 + 210 P. S.).
136a	detto	Ebriach am Ebriacher Bach	detto	detto	—	—	600	—	—	—	
137	detto	Steirerbach Hüttenberg	Österr. Alpine Montanges.	detto	—	—	600	—	—	—	Laufwerke.
138	detto	Görtschitzwerk Klein St. Paul	Zementfabrik Knoch	detto	600	—	—	—	—	—	
139	detto	Görtschitz Wietersdorf	detto	detto	—	—	1.000	—	—	—	

140	**Kärnten**	Kaningbach Radenthein	Österr.-amerik. Magnesit-G. m. b. H.	Industrielle Eigenanlage	—	3.000	—	—	—		Laufwerk.
141	**detto**	Twengbach ob. Radenthein	detto	detto	860	—	—	—	—		Speicherwerk.
142	**detto**	Waidischbach bei Ferlach	Kärntn. Eisen- u. Stahlwerks- gesellschaft	detto	3.000	—	—	—	—		Laufwerk.
143	**detto**	Loiblbach bei Ferlach	detto	detto	—	—	1.900	—	—	—	Laufwerk mit Tagesspeicher.
144	**detto**	Rosenbach in Feistritz	Krainische Eisenindustrie- gesellschaft	detto	600	—	—	—	—	—	
145	**detto**	Bärengraben bei Feistritz im Rosental	detto	detto	600	—	—	—	—		
145a	**detto**	Priel an der Lavant bei Wolfsberg	Sensenwerk J. M. Offner (Swatek)	detto	—	—	500	—	—	—	Laufwerke.
146	**detto**	Gurkwerk in Treibach	Treibacher chem. Werke	Ind. Eigenanl. u. allg. Licht- u. Kraftw.	600	—	—	—	—	—	
147	**detto**	detto	detto	Cereisen- darstellung	—	—	600	—	—	—	
148	**detto**	Mühldorfer- bach Ergän- zungsstufe	detto	Ferrolegierun- gen elektro- chemische Ind.		—	—	2.300	—	—	Speicher in der Gruppe der Mühl- dorfer Seen (Kare) u. in den Karseen des Rückenbachursprunges und des Radlbaches. — Speicherinhalt zu- sammen mehr als 10 Millionen Kubikmeter. — Energieinhalt des Speichers 40 Mill. Kilowattstunden. — Summe Mühldorfer-Rücken- bach 40.300 P. S.
149	**detto**	Mühldorfer- bach untere Stufe	detto	detto	—	—	—	—	12.000	—	
150	**detto**	Mühldorfer- bach mittlere Stufe	detto	detto	—	—	—	—	—	5.000	

Fortlaufende Nummer	Bundesland	Name des Kraftwerkes	Eigentümer	Zweck des Kraftwerkes	Dem Betriebe übergeben, bzw. Betriebseröffnung zu erwarten					Projekt	
					bis 1914	1914 bis 1918	1918 bis 1923	1924	1925 oder später		
					installierte Leistung in Pferdestärken + (vorgesehene Erweiterung)						
151	**Kärnten**	Mühldorfer-bach obere Stufe	Treibacher Chemische Werke	Ferrolegierun-gen elektro-chemische Ind.	—	—	—	—	—	5.000	Speicher in der Gruppe der Mühl-dorfer Seen (Kare) und in den Karseen des Rückenbachursprungs und des Radlbaches. — Speicher-inhalt zusammen mehr als 10 Mil-lionen Kubikmeter. — Energie-inhalt des Speichers 40 Millionen Kilowattstunden. — Summe Mühl-dorfer-Rückenbach 40.300 P. S.
152	**detto**	Mühldorfer Almstufe	detto	detto	—	—	—	—	—	3.000	
153	**detto**	Rückenbach untere Stufe	detto	detto	—	—	—	—	—	5.000	
154	**detto**	Rückenbach mittlere Stufe	detto	detto	—	—	—	—	—	5.000	
155	**detto**	Rückenbach obere Stufe	detto	detto	—	—	—	—	—	3.000	
156	**detto**	Pogöriach am Kreuzenbach	detto	Elektrochemie $H_2 O_2$	3.000	—	—	—	—	—	Leistung geschätzt.
157	**detto**	Tscheuritz-bach	Chem. Werke Weißenstein	detto	—	—	700	—	—	—	
158	**detto**	Kreuzenbach obere Stufe	detto	detto	—	—	—	—	—	2.500	Leistungen geschätzt.
159	**detto**	Gurkwerk St. Johann am Brückl	Elektro-Bosna	Chlorkalk	1.600	—	—	—	—	—	
160	**detto**	Gurkwerk bei Unterbrücken-dorf	—	?	—	—	—	1.400	—	—	

											Ohne Berücksichtigung der Aufbesserung der Winterleistung der unterh. der Speicher gelegenen Laufwerke, durch Winterwasser aus den Speichern.
160a	**Kärnten**	Seebach bei Spittal a. d. Drau	Seutterschen Fabriken	Industrielle Eigenanlage	—	—	640	—	—	—	
160b	**detto**	Rohicabach Alt-Finkenstein	Val. Baumgartner Villach	—	—	—	500	—	—	—	Angabe unsicher.
160c	**detto**	Gurk-Kraftw. Mölbling	Funder in Mölbling	Industrielle Eigenanlage	—	—	500	—	—	—	
161	**detto**	Weißensee	—	Spitzenwerk für die Laufwerke	—	—	—	—	—	32.000	Reines Spitzenw. im Sommer außer Betr. — 82·2 Mill. Kilowattst. Jahresenergieinhalt.
162	**detto**	Lieser Millstädter See	—	—	—	—	—	—	—	34.000	Nutzbarer Speicherinhalt nur 8·5 Mill. Kubikmeter, weil Seeabsenkung, durch Rücksichtnahme auf Siedlungsinteressen beschränkt.
163	**detto**	Millstädter See-Drau	—	—	—	—	—	—	—		
164	**detto**	Drau-Velden am Wörthersee	—	—	—	—	—	—	—	56.000	—
165	**detto**	Wörthersee-Drau bei Hollenburg	—	—	—	—	—	—	—		—
166	**detto**	Oschenigsee-Fagant	—	—	—	—	—	—	—	3.000	Reines Speicherwerk. 9 Mill. Kilowattstunden bei einmaliger Füllung.
167	**detto**	Faaker See-Drau	—	—	—	—	—	—	—	6.600	Reines Spitzenwerk.
168	**detto**	Keutschacher See-Wörthersee	—	—	—	—	—	—	—	1.200	

Summe Speicherwerke 132.800 P. S.

Fortlaufende Nummer	Bundesland	Name des Kraftwerkes	Eigentümer	Zweck des Kraftwerkes	Dem Betriebe übergeben, bzw. Betriebseröffnung zu erwarten					Projekt	
					bis 1914	1914 bis 1918	1918 bis 1923	1924	1925 oder später		
					installierte Leistung in Pferdestärken + (vorgesehene Erweiterung)						
169	**Kärnten**	Möllwerk Möllbrücke	—	—	—	—	—	—	—	20.000	
170	detto	Möllwerk Außerfragant	—	—	—	—	—	—	—	9.000	Laufwerke an der Möll 39.200 P. S.
171	detto	Möllwerk Judenbrücke	—	—	—	—	—	—	—	1.700	
172	detto	Möllwerk Möllfall	—	—	—	—	—	—	—	4.700	
173	detto	Möllwerk Leitenbach	—	—	—	—	—	—	—	3.800	
174	detto	Fragantbach Mündungswerk	—	—	—	—	—	—	—	6.000	
175	detto	Nikolaibach bei Sachsenburg	—	—	—	—	—	—	—	6.000	Laufwerke 12.000 P. S.
176	detto	Drauwerk Sachsenburg	—	—	—	—	—	—	—	5.700	
177	detto	Drauwerk Drauhofen-Ortenburg	—	—	—	—	—	—	—	7.700	
178	detto	Drauwerk Schüttbach-Mautbrücken	—	—	—	—	—	—	—	10.500	

										P. S.	
179	**Kärnten**	Drauwerk Wernberg	—	—	—	—	—	—	—	6.200	
180	detto	Drauwerk Glainach	—	—	—	—	—	—	—	9.000	
181	detto	Drauwerk Völkermarkt-Pirk	—	—	—	—	—	—	—	10.400	Laufwerke an der Drau 78.900 P. S.
182	detto	Drauwerk Pirk-Lippitz-bach	—	—	—	—	—	—	—	9.400	
183	detto	Drauwerk Lippitzbach-Wunderstätten	—	—	—	—	—	—	—	9.000	
184	detto	Drauwerk Wunderstätten-Lavamünd	—	—	—	—	—	—	—	11.000	
185	detto	Lieserwerk Obere Lieser	—	—	—	—	—	—	—	16.700	
186	detto	Malta	—	—	—	—	—	—	—	4.400	
187	detto	Gößgraben, Maltagebiet	—	—	—	—	—	—	—	900	
188	detto	Enge Gurk	—	—	—	—	—	—	—	9.000	Zweistufenprojekt.
189	detto	Glan-Unterlauf	—	—	—	—	—	—	—	2.100	Laufwerke.
190	detto	Görtschitz-Eberstein	—	—	—	—	—	—	—	1.400	

Fortlaufende Nummer	Bundesland	Name des Kraftwerkes	Eigentümer	Zweck des Kraftwerkes	Dem Betriebe übergeben, bzw. Betriebseröffnung zu erwarten					Projekt	
					bis 1914	1914 bis 1918	1918 bis 1923	1924	1925 oder später		
					installierte Leistung in Pferdestärken + (vorgesehene Erweiterung)						
191	**Kärnten**	Freibachwerk	—	—	—	—	—	—	—	4.800	Tagesspeicher.
192	**detto**	Lippitzbach	—	—	—	—	—	—	—	1.100	
193	**detto**	Twimberg-St. Gertraud	—	—	—	—	—	—	—	11.900	Laufwerk.
194	**detto**	Pressinggraben bei Wolfsberg	—	Allg. Licht- u. Kraftversorgung	—	—	—	—	—	1.500	Tagesspeicher.
195	**detto**	Vier Linden Görtschitz	Österr. Alpine Montangesellschaft	Indusrielle Eigenanlage	—	—	—	—	—	3.500	Laufwerk.

Kärnten. Ausgebaut, bzw. im Bau: Bundesb. 17.600 P. S.; Käwag 3600 P. S.; andere 48.660 P. S.; Summe 69.860 P. S. — Summe projektiert: 352.300 P. S., ohne Einbezug der Wirkung des gespeicherten Wassers in den Laufwerken.

Fortlaufende Nummer	Bundesland	Name des Kraftwerkes	Eigentümer	Zweck des Kraftwerkes	bis 1914	1914 bis 1918	1918 bis 1923	1924	1925 oder später	Projekt	
196	**Salzburg**	Wiestalwerk an der Alm	Stadtgemeinde Salzburg	Allg. Licht u. Kraft Elektrochemie	6.350	—	—	—	—		Speicher 5 Mill. Kubikmeter Inhalt.
197	**detto**	Strubklammwerk	detto	detto	—	—	9.120	—	—		Speicher mit 2 Mill. Kubikmeter, dazu noch (später) Hintersee mit 6·5 Mill. Kubikmeter Inhalt.
198	**detto**	Bärenkraftwerk im Fuscher Tal	Salzburger A. G. f. El.-Wirtschaft	detto	—	—	10.300	—	—		Laufwerke.
65	**detto**	Groß-Arl obere Stufe	Stern u. Hafferl A. G.	Allg. Licht- u. Kraftwerk	—	4.000	—	—	—		

66	**Salzburg**	Groß-Arl untere Stufe	Stern u. Hafferl A. G.	Allg. Licht- u. Kraftwerk	—	—	4.800	—	—	5.000	Laufwerk.
69	**detto**	Klein-Arl	detto	detto	—	—	—	—	—	15.000	
70	**detto**	Salzach Golling	detto	detto	—	—	—	—	—	14.000	
71	**detto**	Lammeröfen	detto	detto	—	—	—	—	—	6.000	
73	**detto**	Fuschl-See	detto	detto	—	—	—	—	—	5.000	
199	**detto**	Badgastein Gasteiner Ache	Gemeinde Bad Gastein	detto	1.000	—	—	—	—	—	Laufwerke.
200	**detto**	Blühnbachtal	Mitterberger Kupfergewerkschaft	Industrielle Eigenanlage	—	—	2.250	—	—	—	
201	**detto**	Mühlbach-Außerfelden	detto	detto	—	—	—	—	3.000	—	
202	**detto**	Bockhart-See, Naßfeld	Gewerkschaft Rathausberg	detto	500	—	—	—	—	—	Speicher.
3	**detto**	Tauermoosboden-Enzinger Boden	Österr. Bundesbahnen	Bahnkraftwerk	—	—	—	—			Speicher: Tauermoosboden und Weißer See.
4	**detto**	Enzinger Boden Schneiderau	detto	detto	—	—	—	—	80.000	(80.000)	
5	**detto**	Grünsee Enzinger Boden	detto	detto	—	—	360	—			Vorläufig Hilfswerk. Speicher: Grün-See.

Fortlaufende Nummer	Bundesland	Name des Kraftwerkes	Eigentümer	Zweck des Kraftwerkes	Dem Betriebe übergeben, bzw. Betriebseröffnung zu erwarten					Projekt	
					bis 1914	1914 bis 1918	1918 bis 1923	1924	1925 oder später		
					installierte Leistung in Pferdestärken + (vorgesehene Erweiterung)						
6	**Salzburg**	Vorder-Stubach	Österr. Bundesbahnen	Bahnkraftwerk	—	—	—	—	80.000	(80.000)	
203	**detto**	Lend an der Gasteiner Ache	Aluminium-fabrik Lend	Elektrochemie	7.840	—	—	—	—	—	Stufen im Gefälle zerschnitten. Leistung geschätzt.
204	**detto**	Rauris-Kitzloch	detto	detto	9.000	—	—	—	—	—	
205	**detto**	Muhr im Lungau	Gemeinden-verband	Allg. Licht- u. Kraftwerk	—	—	900	—	—	—	

Salzburg. Ausgebaut, bzw. im Bau: Salzburger A. G. f. El. Wirtsch. 10.300 P. S.; Stadtgemeinde Salzburg 15.470 P. S.; Stern u. Hafferl 8800 P. S; andere 24.490 P. S.; Summe 59.060 P. S. — Bundesbahn in Vorbereitung und projektiert (Stubach) 80.000 P. S.; Stern und Hafferl projektiert 45.000 P. S.; andere (geschätzt) 160.000 P. S.; Summe projektiert (zum Teil geschätzt) 285.000 P. S.

Fortlaufende Nummer	Bundesland	Name des Kraftwerkes	Eigentümer	Zweck des Kraftwerkes	bis 1914	1914 bis 1918	1918 bis 1923	1924	1925 oder später	Projekt	
206	**Tirol**	Mühlauwerk	Stadtgemeinde Innsbruck	Allg. Licht- u. Kraftwerk	3.300	—	—	—	—	—	
207	**detto**	Sillwerke	detto	detto und Elektro-chemie	18.500	—	—	—	—	—	
2	**detto**	Rutzwerk	Österr. Bundesbahnen	Bahnwerk	8.000	—	8.000	—	—	—	Auch im ersten Abschnitt angeführt.
208	**detto**	Achensee	A. G. in Bildung begriffen	Allg. Licht- u. Kraftwerk u. Elektrochemie Bahnwerk	—	—	—	—	—	100.000	Größtes Speicherwerk Österreichs. 100.000 P. S. maximale Spitzenleistung. 135 Mill. Kilowattstunden Jahresarbeit des Speichers.
209	**detto**	Groß-Volders-berg	Stadtgemeinde Hall in Tirol	Allg. Licht- u. Kraftwerk	—	1.000	—	—	—	—	

210	Tirol	Absam-Hall	Stadtgemeinde Hall in Tirol	Allg. Licht- u. Kraftwerk	800	—	—	—	—	—	Nicht eingezeichnet.
211	detto	Voldertal	El. Werke Voldertal G. m. b. H.	detto	1.000	—	—	—	—	—	
212	detto	Wattenswerk Swarovski	Tyrolitwerke Wattens	Elektroch. u. ind. Eigenanl.	500	—	—	—	—	—	Eine weitere Anlage der Firma Swarovski im Wattenstal ist geplant.
213	detto	Vomper Tal	A. G. El. Werk Vompertal	Allg. Licht- u. Kraftwerk Elektrochemie	1.300	—	—	—	—	—	
214	detto	Telfeser Kraftwerk	Gemeinde Telfs	Allg. Licht- u. Kraftwerk	560	—	—	—	—	—	Nicht eingezeichnet.
215	detto	Kraftwerk Reutte	Markt-gemeinde Reutte	detto	5.000	—	—	—	—	—	Ausnützung des Heiterwanger und des Plan Sees als Speicher projektiert.
216	detto	Kraftwerk Lienz	Stadtgemeinde Lienz	detto	800	—	—	—	—	—	Nicht eingezeichnet.
217	detto	Jochberg bei Kitzbühel	staatlich	Industrielle Eigenanlage	—	—	750	—	—	—	
218	detto	Hintersteiner See bei Kufstein	Tiroler Kaiserwerke G. m. b. H.	Allg. Licht- u. Kraftwerk	2.800	—	—	—	—	—	Speicher „Hintersteiner See".
219	detto	Wiesberg bei Landeck	Continentale Ges. f. ang. Elektrochem.*	Elektrochemie	12.000	—	—	—	—	—	* Jetzt Eigentum der „Elektrobosna".
220	detto	Elektr. Werke Deutsch Matrei am Brenner	Brennerwerke G. m. b. H.	detto	6.000	—	—	—	—	—	
221	detto	Ötzwerk Roppen	West-Tiroler Großkraftwerke	—	—	—	—	—	—	94.000	Derzeit Ötzstufe in Bau. Inn-Pitz-Roppen noch nicht begonnen.
222	detto	bei Mairhofen im Zillertal	Zillertaler Kraftw. A. G.	—	—	—	—	—	—	50.000	

Fortlaufende Nummer	Bundesland	Name des Kraftwerkes	Eigentümer	Zweck des Kraftwerkes	Dem Betriebe übergeben, bzw. Betriebseröffnung zu erwarten					Projekt	
					bis 1914	1914 bis 1918	1918 bis 1923	1924	1925 oder später		
					installierte Leistung in Pferdestärken + (vorgesehene Erweiterung)						
223	**Tirol**	Huben bei Lienz	—	—	—	—	—	—	—	—	
224	**detto**	Stilluppwerk	Zillertaler El. Ges. Zell am Ziller	Allg. Licht- u. Kraftwerk	650	—	—	—	—	—	
225	**detto**	Söll-Leukental Brixentaler Ache	Perlmooser Zementfabrik Kufstein	Industrielle Eigenanlage	1.200	—	—	—	—	—	
226	**detto**	Sparchenbach Werk der	Gemeinde Kufstein	Allg. Licht- u. Kraftwerk	500	—	—	—	—	—	
227	**detto**	Brandenburger Ache	Elektr. Werk d. Messingwerk Achenrain	Industrielle Eigenanlage	640	—	—	—	—	—	

Tirol.   Bundesbahnen ausgebaut: 16.000 P. S.; Stadt Innsbruck ausgebaut: 21.800 P. S.; Gemeinden ausgebaut: 8660 P. S.; Private ausgebaut: 26.840 P. S.; Summe ausgebaut: 73.300 P. S. — Spitzenleistungen: Achensee 100.000 P. S.; Westtiroler Großkraftwerk 94.000 P. S.; Zillertaler Kraftwerks A. G. 50.000 P. S. — Im ganzen: Eingehender studierte Projekte für mehr als 400.000 P. S.

Fortlaufende Nummer	Bundesland	Name des Kraftwerkes	Eigentümer	Zweck des Kraftwerkes	bis 1914	1914 bis 1918	1918 bis 1923	1924	1925 oder später	Projekt	
228	**Vorarlberg**	Andelsbuch	Vorarlberger Kraftwerke G. m. b. H.	Allg. Licht- u. Kraftwerk	10.800	—	—	—	—	—	Laufwerk.
229	**detto**	Bregenz-Rieden	detto	detto	550	—	—	—	—	—	
230	**detto**	„Dornbirn"	detto	detto	750	—	—	—	—	—	
231	**detto**	„Egg"	Gemeinde Egg	detto	710	—	—	—	—	—	
232	**detto**	„Giesingen"	Spinnerei F. M. Hämmerle	Industrielle Eigenanlage	2.000	—	—	—	—	—	

233	**Vorarlberg**	Illwerk der	Stadt Feldkirch	Industrielle Eigenanlage	2.400	—	—	—	—	—	
234	detto	Illwerk der	Stadt Bludenz	detto	900	—	—	—	—	—	Nicht eingezeichnet.
235	detto	„Bürs" am Alvierbach	Getzner, Mutter u. Co.	detto	3.000	—	—	—	—	—	
236	detto	Illwerk	detto	Spinnerei	1.000	—	—	—	—	—	Erweiterung 1922 durchgeführt.
237	detto	Nenzing am Mengbach	detto	—	1.800	—	—	—	—	—	
238	detto	Alfenswerk der	Lorünser Zementfabrik	Industrielle Eigenanlage	—	—	—	—	3.000	—	
239	detto	Litzbachwerk bei Schruns	Montafoner Bahn A. G.	Bahnwerk u. allg. Licht- u. Kraftwerk	550	—	—	—	—	—	
1	detto	Spullersee	Österr. Bundesbahnen	Bahnkraftwerk	—	—	—	24.000	12.000	—	Speicher; bereits unter Bahnwerk aufgezählt.
240	detto	Gampadelswerk	Vorarlberger Landes El. A. G.	Allg. Licht- u. Kraftwerk	—	—	—	13.000	—	—	
241	detto	Tilisunasee	detto	detto	—	—	—	—	—	—	Speicherwerk.
242	detto	Lüner See	—	Stromexport	—	—	—	—	60.000	—	Speicherw. Stromexport n. erfolgter Befriedigung des Landesbedarfes.
243	detto	Obere Ill	—	detto	—	—	—	—	—	30.000	Nicht eingezeichnet.

Vorarlberg.　Ausgebaut oder in Bau: Bundesb. 24.000 P. S.; Vorarlberger Landes-Elektrizitätsgesellschaft 13.000 P. S.; andere 24.400 P. S.; Summe 61.460 P. S. — Projekte, Bau zum Teil vorbereitet und eingeleitet 105.000 P. S.

Zusammenfassung
über die österreichischen Wasserkraftwerke mit über 500 P. S. installierter Leistung.

| | | Dem Betrieb übergeben, bezw. Betriebseröffnung zu erwarten | | | | Projekt | Anmerkung |
| | | bis 1914 | 1914—1918 | 1918—1923 | 1924 | Später | | |
		installierte Leistung in P. S.						
	Bundesbahnen	9.600	—	16.000	24.000	16.000	92.000	Die Wasserkraftwerke der Bundesbahnen sind in den Summen für die Länder inbegriffen. An Projekten wurden nur jene aufgenommen, deren Ausführung in der nächsten Zeit wenigstens einige Wahrscheinlichkeit für sich hat.
Niederösterreich	Wag (Gemeinde Wien ausschlag-gebend beteiligt)	—	—	—	12.300	4.500	—	
	Newag	5.900	700	1.400	7.800	—	8.000	
	Gemeinden und Private in Niederösterreich	3.530	800	3.970	1.000	—	24.650	
	Donauprojekte in Niederösterreich	—	—	—	—	—	302.000	Von Krems bis zur Marchmündung. Die niederöster-reichische Donau von Krems aufwärts wird in bezug auf Wasserkraftnützung eben untersucht.
Oberösterreich	Oweag	—	—	—	30.000	—	142.500	
	Stern u. Hafferl A. G. in Gmunden	27.680	4.000*	4.800*	—	8.200	26.500 45.000*	Die mit * bezeichneten Zahlen beziehen sich auf Werke und Projekte dieser A. G. im Bundeslande Salzburg, sie erscheinen in den Summen für Salzburg ausgewiesen.
	Gemeinden und Private in Ober-österreich	9.200	—	5.910	—	—	260.000	
	Donauprojekte in Oberösterreich	—	—	—	—	—	316.000	

Steiermark	Steiermärkische El. Ges. (Steg)	12.000	—	—	—	—	—	
	Steweag	—	—	—	24.000	—	502.200	
	Gemeinden und Private in Steiermark	16.940	—	7.000	3.000	8.920	27.292	
Kärnten	Käwag, einschließl. Bundesbahn, Gemeinden und Private	22.760	–	11.240	10.600	28.000	34.700	
	Projekte der kärntn. Landeskraftstelle	—	—	—	—	—	315.200	
Salzburg	„Safe", Bundesbahnen, Gemeinden und Private	24.690	4.000	8.310	19.420	3.000	285.000	Projekte zum Teil geschätzt.
Tirol	„Tiwag", Bundesbahn, Gemeinden und Private	63.550	1.000	8.750	—	—	400.000	Projekte zum Teil geschätzt. Der begonnene Bau des Achenseewerkes wurde hier noch unter Projekten geführt.
Vorarlberg	Bundesbahn, Land, Gemeinden und Private	24.460	—		37.000	—	105.000	Projekte der Bundesbahn, außer „Spullersee-Vollausbau" nicht einbezogen.
	Summe	210.710	6.500	46.580	145.120	52.620	2,749.042	Die kleinen Unstimmigkeiten in den verschiedenen Tabellen, die übrigens das Bild nicht stören, rühren daher, daß nicht von allen Werken und Projekten übereinstimmende Zahlen zu erhalten waren.

VII. Die Entwicklungsnotwendigkeiten und die Entwicklungsmöglichkeiten der Wasserkraftnutzung in Österreich.

1. Allgemeines.

In der weitesten Einstellung zur Frage der Entwicklungsnotwendigkeiten der österreichischen Wasserkraftnutzung muß die Antwort so gegeben werden, daß Zustände, wie sie die außergewöhnlichen Jahre 1919 und 1920 durch die unzulängliche Wasserkraftnutzung Österreichs gebracht haben, sich nicht wiederholen dürfen. Diese Zustände waren charakterisiert durch ärgste Einschränkungen und zeitweise gänzliche Einstellung des Personen- und Güterverkehrs auf den Eisenbahnen, durch quälende Verkehrsdrosselungen auf den Straßenbahnen, durch harte Drosselungen in der Beleuchtung von Straßen, Bureaus, anderen Arbeitsstätten und Wohnungen, und ferner dadurch, daß nahezu alle Industrien mit Aufträgen überhäuft waren, dieselben aber mangels an Kohle nicht ausführen konnten und oft nur bis zu einem Fünftel ihrer Leistungsfähigkeit arbeiten konnten. Kohlenlieferungen durch im Auslande liegende Bergbaue konnten oft nur unter Erfüllung ungerechter, drückender Gegenleistungen erzielt werden.

Die folgenden Jahre der Annäherung an normale wirtschaftliche Verkehrszustände zwischen den Ländern brachten für Österreich eine schwere Belastung der Handelsbilanz durch die Kohleneinfuhr. Von der lebensnotwendigen Einfuhr Österreichs stehen Lebensmittel und Kohle an erster Stelle. Dazu kommen noch Treiböle für Dieselmotoren, Benzinmotoren und der Überschuß an Schmiermitteln, welche Dampfmaschinen gegenüber elektrischen Generatoren und Motoren verbrauchen. Für die Lebensmittel- und Kohleneinfuhr ist noch das gemeinsame Merkmal bezeichnend, daß bei beiden Stoffen das Bedürfnis nach denselben sofort befriedigt werden muß, daß ein Aufschub, eine Stundung, ohne Schaden nur innerhalb engster zeitlicher Grenzen möglich ist, daß somit die Einfuhr nicht nur der Menge nach, sondern auch gegenüber Unregelmäßigkeiten im Zuschub sehr empfindlich ist.

Aus dieser allgemein bekannten, aber noch immer wenig gewürdigten Tatsache geht hervor, daß es ein Gebot der Selbsterhaltung, eine Forderung jedes auf Annäherung an wirtschaftliche Selbständigkeit gerichteten Strebens sein muß, den an das Ausland zu zahlenden Tribut für die Kohleneinfuhr soweit als möglich, durch den Ausbau von Wasserkräften überflüssig zu machen und die wirtschaftliche Abhängigkeit Österreichs vom Auslande und von den Wechselfällen der Politik, in einem an die Wurzel des Wirtschaftslebens greifenden Punkte, in der Brennstoffeinfuhr, zu mildern. So betrug in dem Jahre noch gedrosselter industrieller Tätigkeit 1922 der Einfuhrwert Österreichs an mineralischen Brennstoffen 175 Millionen Goldkronen, gleich zweieinhalb Billionen Papierkronen. Im gleichen Jahre verbrauchten an Kohlen:

Der Verkehr	2·693 Millionen	Tonnen	oder	29·9	%
die Gas-, Wasser- und Elektrizitätswerke . . .	1·177	,,	,,	,, 13	%
der Hausbrand	1·475	,,	,,	,, 16	%
die Industrie	3·739	,,	,,	,, 41·1	%

Nach den vorsichtigen Untersuchungen von Sektionschef Ingenieur Reich einerseits und Ingenieur Brock anderseits, lassen sich vom normalen Friedensbedarf Österreichs an Kohlen von rund 15 Millionen Tonnen 58% (nach Reich) bzw. 45% (nach Brock) durch die elektrische Energie der Wasserkräfte ersetzen. Am stärksten werden der Verkehr und die Industrie zur Verminderung der Kohleneinfuhr durch die Ausnützung der Wasserkräfte beizutragen haben. In dem Maße, als die Sättigung mit elektrischer Energie nähergerückt und besonders auch viele, während der Nacht schlecht ausgenützte Laufwerke und industrielle Eigenanlagen in ein gemeinsames Netz arbeiten werden, steht auch die Entwicklung der elektrischen Raumheizung durch Wärmespeicheröfen zu erwarten, so daß sich auch für die für den Hausbrand benötigte Kohleneinfuhr eine Verminderung erhoffen läßt.

An diese erste Notwendigkeit reiht sich die Forderung nach Entlastung der Einfuhr in jenen Industrieprodukten, an deren Herstellungskosten die elektrische Energie ausschlaggebend beteiligt ist, wie Aluminium, Ferrolegierungen, Karborund und Schmirgel, Produkte der Kalziumkarbidindustrie usw., und in Bezug auf diese Produkte Österreich von einem Einfuhr- in ein Ausfuhrland umzugestalten.

An letzter Stelle steht endlich die Ausfuhr von Elektrizität, doch ist die Nützlichkeit eines solchen Exportes oft zweifelhaft.

Sucht man die Grenzen der Entwicklungsmöglichkeiten der Wasserkraftnutzung in Österreich, so erscheint eine Grenze gegeben in der Begrenztheit der im Lande überhaupt vorhandenen Wasserkräfte. Diese Grenze ist derzeit nicht von Interesse. Ganz abgesehen davon, daß man, je nachdem man mit dem Niederwasser, dem Jahresmittelwasser, oder dem sechs- oder fünfmonatigen Wasser rechnet, ganz verschiedene Werte erhalten muß, ändern sich die Werte auch mit der größeren oder kleineren Berücksichtigung von Speicheranlagen, und endlich mit der Abgrenzung des Begriffes „ausbauwürdige Wasserkraft". Deshalb schwanken auch die Schätzungen der Wasserkräfte Österreichs zwischen 2 und 4·5 Millionen Pferdekräften. Soviel ist sicher, daß Österreich mehr ausbauwürdige Wasserkräfte besitzt, als es in den nächsten Jahrzehnten ausbauen kann.

Die Grenze der Ausbaumöglichkeit der österreichischen Wasserkräfte wird vielmehr und ausschließlich bestimmt durch die Höhe der Geldmittel, welche dem Wasserkraftbau aus den Ersparnissen der österreichischen Wirtschaft durch den Staat, durch Länder und Gemeinden, durch Banken, durch private Industrieunternehmungen, durch landwirtschaftliche Körperschaften und Vereinigungen und durch kleine Sparer zugeführt werden, oder welche das Ausland in Österreich anzulegen bereit ist. Hiebei bringt die Anlage ausländischen Kapitals im Wasserkraftbau wohl eine Besserung der Handelsbilanz (Entfallen von Einfuhrkohle, Belebung alter, oder Schöpfung neuer Industrien, welche die Einfuhr entlasten, die Ausfuhr steigern können), dafür aber verursacht sie eine Verschlechterung der Zahlungsbilanz, weil das Inland für das geborgte Geld zins- und tilgungspflichtig wird. Allerdings werden die direkten und indirekten Vorteile wohl immer größer als die Nachteile sein.

Vom Standpunkte der Kapitalsanlage haben moderne Wasserkraftwerke folgende Merkmale:

a) Die Anlagen werden technisch wohl ausnahmslos so vollkommen und dauerhaft ausgeführt, daß ihr Bestand ein ungemein sicherer ist. Wie zahlreiche Beispiele gezeigt haben, gehen selbst die ärgsten Hochwässer an den Kraftanlagen vorüber, ohne Zerstörungen anzurichten. Im Gegenteil, in Talgebieten mit gut entwickelter Wasserkraftnutzung kommen auch die übrigen Hochwasserschäden weniger arg zur Auswirkung, wie das Beispiel der ostschweizerischen Hochwasserkatastrophe vom September 1910 in überaus klarer Weise gezeig hat. Die Milderung der allgemeinen Hochwasserschäden wird um so bemerkbarer sein, je mehr natürliche und künstliche Speicherbecken der Wasserkraftnutzung dienstbar gemacht werden. Da der Betriebsstoff, das Wasser, der menschlichen Willkür entzogen ist, steht er trotz trockener und nasser Jahre fortwährend und regelmäßiger zur Verfügung, als es bei den Betriebsmitteln irgend eines anderen Industrieunternehmens der Fall ist. Das verschwindend kleine Bedienungspersonal, auch für eine Großkraftanlage, und die physisch leichte, stets unter hygienisch günstigen Verhältnissen auszuführende Arbeit des Bedienungspersonals bringen es mit sich, daß Störungen und Unterbrechungen des Betriebes infolge sozialer Kämpfe (Streiks usw.) unter sonst gleichen Umständen bei keinem Industrieunternehmen so wenig wahrscheinlich sind, als beim Betrieb von Wasserkraftanlagen.

Aber auch der Markt des erzeugten Produktes ist vom Markte, den andere Industrien vorfinden, vorteilhaft verschieden.

Selbst bei steigenden Löhnen brauchen die Gestehungskosten der Kilowattstunde nicht zu steigen, weil der Zinsen- und Tilgungsdienst für das investierte Kapital von Jahr zu Jahr geringere Summen erfordert und dadurch ein Ausgleich gegenüber einer Lohnsteigerung ganz oder teilweise geschaffen wird. Zeigen somit alle Industrieprodukte, die mit Kohle oder Mineralölprodukten hergestellte elektrische Energie nicht ausgenommen, in ihren Herstellungskosten schon wegen der Lohnsteigerungen (letzten Endes wegen der zu rasch steigenden Goldproduktion, welche eine Verminderung der Kaufkraft des Goldes herbeiführt) eine steigende Tendenz, so wird die durch Wasser erzeugte elektrische Energie hievon nicht, oder wenigstens nicht notwendigerweise berührt. Die hydroelektrische Energie zeigt in ihren Gestehungskosten auch deshalb eine fallende Tendenz, weil eine tausendfältige Erfahrung lehrt, daß die Zahl der Stromverbraucher in steter Zunahme begriffen ist, ein Werk nach mehreren Betriebsjahren also viel besser ausgenützt ist, als im ersten oder in den ersten Jahren seines Bestandes.

Da endlich das Bedürfnis nach Licht und Kraft auch in Zeiten allgemeinen schlechten Geschäftsganges weitgehend vorhanden ist, kommen Rückschläge im Wirtschaftsleben, denen wohl alle Industrien ausgesetzt sind, bei Wasserkraftanlagen viel milder zur Auswirkung als sonstwo. Der von der Sonne kostenlos beigestellte Betriebsstoff, der die Wasserkraftanlage zu einem Perpetuum mobile macht (vom irdischen Standpunkt aus betrachtet), die solide Herstellung der Wasserkraftanlagen, ihre einfache Bedienung, ihr sicherer und billiger Betrieb, die zunehmende Verbilligung der Erzeugungskosten, die relative Unempfindlichkeit des Absatzes gegen Konjunkturschwankungen und der stets sich erweiternde Absatz, diese Momente zusammen geben den Wasserkraftanlagen ihrem Wesen nach den Charakter von ganz außergewöhnlich sicheren, ruhigen Kapitalsanlagen.

Diesen unbestreitbaren und unbestrittenen Vorteilen sind allerdings entgegenzuhalten: Die hohen Erbauungskosten, die relativ lange Bauzeit, die lange Umsatzzeit des investierten Kapitals und das zwar sichere, aber bescheidene Zinsenerträgnis der Wasserkraftanlagen.

Die Erbauungskosten einer Wasserkraftanlage werden wohl stets das Drei- bis Fünffache der Erbauungskosten einer Dampfanlage gleicher Leistung betragen. Die Dampfkraftanlage wird dem augenblicklichen Energiebedürfnis entsprechend errichtet und bei zunehmendem Energieverbrauch stufenweise erweitert, wobei die Abstufungen innerhalb verhältnismäßig enger Grenzen gehalten werden können. Ein derartiger Ausbau ist bei Wasserkräften wasserwirtschaftlich unbedingt zu verwerfen. Er führt zu dem leider nur zu oft wahrnehmbaren Zerschneiden einer einheitlichen Gefällstufe, wie es bei der Pöls (elf Kraftanlagen anstatt einer!), der Gasteiner Ache, dem ganzen Mürztal usw. der Fall ist. Einheitliche Naturdarbietungen (Stufen) müssen auch einheitlich erfaßt und ausgenützt werden. Aber auch der Ausbau einer einzigen Stufe ist wenig elastisch. Wehranlage, Einlaufbauwerk, Oberwasserführung, ob Stollen oder Kanal, müssen von allem Anfange an so erbaut werden, daß sie in den Abmessungen den Anforderungen des fernsten, menschlich absehbaren Entwicklungszustandes entsprechen. Gespart kann nur bei den Druckleitungen und bei der maschinellen Installation werden. Nur diese können, einem späteren, steigenden Energiebedarf entsprechend, erweitert werden. Das Abweichen von diesen Tatsachen hat, der Gefällszersplitterung analog, zu einer Zersplitterung oder unwirtschaftlichen Ausnützung der Wassermengen geführt (schlechte Flußnutzbarkeit), die sich schließlich an der Wirtschaftlichkeit der Anlage rächt. Die Veranschlagung von Wasserkraftbauten und deren Ausführung verlangt somit, daß einer fernerliegenden Zukunft schon beim ersten Ausbau nicht nur technisch, sondern auch finanziell Rechnung getragen werde. Keine andere Art von Industrieanlagen, der vielfach ebenfalls unelastische Bergbau nicht ausgenommen, verlangt eine so weitgehende, nicht nur technische, sondern auch finanzielle Rücksichtnahme auf die Zukunft,

wie der Wasserkraftbau. Wird in der Veranlagung und Ausführung von Wasserkraftanlagen nur auf das Augenblicksbedürfnis Rücksicht genommen, so ergeben sich zuver-
lässig Unwirtschaftlichkeiten für die Zukunft. Es liegt also auch hier ein Zug der Stetig-
keit, eine Bedachtnahme auf ein finanzielles Augenblicksopfer für die größere Wirtschaftlichkeit der Zukunft vor.

Die Bauzeit der mit Wasser betriebenen Großkraftanlagen ist ebenfalls ein Vielfaches der Bauzeit von Dampfanlagen gleicher Leistung. Die Dampfkraftanlage in Bitterfeld bei Leipzig (70.000 Kilowatt) wurde am 15. Jänner 1916 zu bauen begonnen und am
16. Mai des gleichen Jahres dem Betrieb übergeben. Die Anlage Tschornewitz bei
Golpa (zwischen Bitterfeld und Berlin) ist mit ähnlicher Geschwindigkeit entstanden
und gewachsen.

Eine Wasserkraftanlage ähnlicher Leistung beansprucht unter den Verhältnissen,
die in Österreich vorliegen, eine Bauzeit von mindestens drei bis vier, eventuell von fünf
Jahren, auch dann, wenn der Bau mit allen Mitteln beschleunigt wird. Nur tiefe Schächte
und mehrere Kilometer lange Querschläge im Bergbau und der Bau langer Eisenbahn-
tunnels haben mit ähnlich langen Bauzeiten und dementsprechend mit Interkalarzinsen
ähnlicher Größenordnung zu rechnen. (Eine Investition, deren ökonomische Wirksamkeit
voraussichtlich erst nach 150 Jahren intensiver Arbeit einsetzt, könnte im 20. Jahrhundert
in Europa überhaupt nicht diskutiert werden. Mit 150 Jahren Bauzeit wurde im Jahre
1546 der Carl-Erbstollen am Schneeberg bei Sterzing vorgesehen, die Inangriffnahme
dieses Stollens empfohlen, und der Stollenbau tatsächlich mit Schlägel und Eisen Jahrzehnt für Jahrzehnt durchgeführt, bis, nach einigen Unterbrechungen, das im Jahre 1739
dort eingeführte Schwarzpulver die Erlösung durch einen rascheren Fortschritt brachte).

Mit der langen Bauzeit stimmt harmonisch überein die lange Umsatzzeit des
investierten Kapitals. Angenommen eine Ausnutzung von 8000 Stunden im Jahre, bei
einem verhältnismäßig hohen Strompreis von zwei Hellern pro Kilowattstunde (Verhältnisse, wie sie in der elektrochemischen Schwerindustrie vorkommen können), gibt
einen Jahreserlös von 160 Kronen für das Kilowatt. Die Ausbaukosten mit 1600 Kronen
(einschließlich Leitung) angenommen, würde besagen, daß sich das investierte Kapital,
nach Bauvollendung, alle zehn Jahre einmal umsetzt. Werke mit großen Abnehmern
für den viel teureren Licht- und Kraftstrom können, trotz schlechterer Ausnutzung,
natürlich günstiger abschneiden. Beim Bergbaubetrieb kann unter günstigsten, einfach-
sten Tagbauverhältnissen, das investierte Kapital sich in einem Jahre zwei- bis zwei-
einhalbmal umsetzen.

Im Tiefbau werden nach Bauvollendung wohl auch zwei bis fünf und mehr Jahre
erforderlich sein, bis der Wert des geförderten Gutes die Höhe des investierten Kapitals
erreicht.

Ganz anders bei Handelsunternehmungen, die neben ihrer großen Liquidität das
Eigenkapital auch unter normalen Verhältnissen zwölf- und mehr als zwölfmal in einem
Jahre umsetzen. (Daß das Eigenkapital in einem Jahre mehrere hundertmal umgesetzt
wurde, war in der Nachkriegszeit für österreichische Handels- und Geldinstitute keine
Seltenheit. Allerdings verschleiert die Kronenentwertung das Bild teilweise.) Das in
Wasserkraftanlagen investierte Kapital kehrt also nur äußerst langsam, etwa alle
zehn Jahre einmal in die Volkswirtschaft zurück.

In Übereinstimmung mit den bisherigen Betrachtungen steht auch das zwar stetige
und sichere, aber doch bescheidene Erträgnis der Wasserkraftanlagen. Das größte und
äußerst sparsam und solid geführte Wasserkraftunternehmen Österreichs vor dem Kriege,
die Elektrizitätswerke Stern u. Hafferl A. G., hat bei gesunder, stetiger Entwicklung des
Unternehmens nie mehr als 7% bis 7½% Dividende ausgeschüttet. Ganz ähnliche
Erträgnisziffern weisen die Bilanzen der Großkraftanlagen der Schweiz aus.

Geradeso wie Wasserkraftanlagen gegen Rückschläge in der Konjunktur relativ un-
empfindlich sind, geradeso bleiben ihnen aber auch die Konjunkturgewinne der Industrie

und des Handels versagt. Nicht beim Stromverkauf, erst bei der Stromverarbeitung in der Elektrochemie und in der übrigen Industrie, setzen rascherer Kapitalsumsatz, schwankende, aber oft höhere Erträgnisse ein. Wasserkraftanlagen sind, wirtschaftlich betrachtet, für ein Land ebenso notwendig, wie Straßen und Eisenbahnen; Energiebereitstellung und Bereitstellung von Verkehrsmitteln sind die Voraussetzung für eine wirtschaftliche Entfaltung. Technisch und kaufmännisch sind Wasserkraftanlagen vielleicht die solidesten, dauerhaftesten, weder von Naturereignissen, noch von Konjunkturen wesentlich beeinflußbaren Kapitalsanlagen innerhalb eines Wirtschaftskörpers, die sich stetig und sicher, aber im allgemeinen bescheiden verzinsen.

Wasserkraftpapiere stellen deshalb ihrem ganzen Wesen nach Anlagewerte und nicht Spekulationswerte dar und es kann nicht als gedeihlich für die Entwicklung der Wasserkraftnutzung angesehen werden, wenn deren Papiere sich in Händen befinden, die an den Bauanlagen und an deren Produktion gar kein Interesse haben, deren Interesse im Gegenteil nur darauf gerichtet ist, die Papiere, in denen sie nicht einen Anlagewert, sondern ein Spielpapier sehen, mit möglichst großen Gewinnen wieder abzustoßen.

Die vorstehend charakterisierte, relative Schwerfälligkeit der Wasserkraftanlagen war für die Entwicklung der Wasserkraftnutzung in Österreich ausschlaggebend. Vor dem Kriege wirkte die scharfe Konkurrenz der billigen Braun- und Steinkohlen der im „Reichsrate vertretenen Königreiche und Länder" einer ausgiebigen Entwicklung von Wasserkraftbauten entgegen. Die oft geäußerte Behauptung, daß das ehemalige k. k. Eisenbahnministerium den Wasserkraftbau dadurch verhindert habe, daß es seine Hand auf so viele Wasserkräfte gelegt hat und Konzessionen erst nach erfolgter Einwilligung dieses Ministeriums zu erreichen waren, stellt oft eine Übertreibung dar. Wäre die private Initiative zum Ausbau der Wasserkräfte wirklich rege und andauernd gewesen, so wären trotz des scheinbaren Hindernisses die ernstlich vorgenommenen Wasserkraftbauten auch zur Durchführung gekommen.

An Anlagen über 500 P. S. installierter Leistung waren bis zum Jahre 1914 (einschließlich) in Österreich nur 210.710 P. S. ausgebaut.

Die Kriegsjahre 1914 bis 1918 brachten für die Erbauung von Großwasserkraftanlagen mit nicht zu langer Bauzeit, und besonders für industrielle Eigenanlagen vielfach günstige Voraussetzungen, die aber leider nur wenig ausgenützt worden sind. Da es kaum eine Industrie gibt, die nicht für die Kriegführung Bedeutung besaß, wurden industrielle Erweiterungsbauten und Neuanlagen im Interesse einer Mehrproduktion oder im Interesse einer Brennstoffersparnis durch die maßgebenden staatlichen Stellen in ausgiebigster Weise gefördert und unterstützt. (Reichliche Beistellung billigster Arbeitskräfte, häufig auch unverzinsliche Darlehen u. dgl.) Diese günstige Lage wurde jedoch nur wenig beachtet und ausgenützt, nur einzelne Unternehmungen zogen daraus Vorteile, deren Umfang sich erst in der an Brennstoffen so arg entblößten Nachkriegszeit voll erkennen ließ. Zwischen den Jahren 1914 und 1918 kamen nur 6500 P. S. in Betrieb. Allerdings wurden einzelne Anlagen zu bauen begonnen und in den 46.580 P. S., die in den Jahren 1919 bis 1923 vollendet worden sind, sind Anlagen enthalten, deren Erbauung schon während des Krieges mehr oder weniger weitgehend gediehen war.

Die Licht- und Kraftnot der Zeit nach dem Kriegsende, die drückenden Einschränkungen und Sparmaßnahmen in der Brennstoffzuteilung und die klar in die Erscheinung tretende Abhängigkeit Österreichs von den Kohle erzeugenden Ländern, machten das Verlangen nach dem Ausbau von Wasserkräften allgemein.

Der erste bedeutsame Schritt wurde von den Staatsbahnen getan, welche, nach langen Verhandlungen mit den Ländern, bereits im Jahre 1919 mit dem Bau des Spullerseewerkes und mit der Erweiterung des Rutzwerkes einsetzten. Mallnitz und Stubach folgen infolge der knappen, zur Verfügung stehenden Geldmittel, in langsamer Bauentwicklung nach. Die in den Ländern entstehenden, auf die planmäßige Entwicklung der Wasserkraftnutzung eingestellten Aktiengesellschaften wurden bereits mehrfach erwähnt.

Unter diesen hatte die „Oweag" den Vorteil, am frühesten begonnen zu haben, so daß sie einen Teil der Anlagen noch mit verhältnismäßig hochwertigem Gelde erbauen konnte. Ihr Großkraftwerk „Partenstein" wird aller Voraussicht nach im Spätherbst 1924 mit 30.000 P. S. (später 45.000 P. S.) installierter Leistung in Betrieb kommen. Daß die Wag sich veranlaßt gesehen hat, die Ybbs anstatt der Ennsstufe im Gesäuse auszubauen, bleibt bedauerlich. Auch das Werk Opponitz der Wag dürfte als ihre erste Anlage Ende 1924 oder wenigstens anfangs 1925 mit 12.000 P. S. installierter Leistung in Betrieb kommen, während das Wasserleitungswerk mit 4500 P. S. konstanter Leistung erst ein Jahr später vollendet sein wird.

Eine ähnliche Entwicklung nehmen die Bauten der übrigen Wasserkraft-Aktiengesellschaften in den einzelnen Bundesländern, von denen die Tiwag die jüngste ist (gegründet 1924).

Die allgemeine Brennstoffnot der unmittelbaren Nachkriegszeit, von der jeder Einzelne betroffen worden ist, verschaffte den Aktien und Obligationen, welche von den verschiedenen Landes-Wasserkraft-Aktiengesellschaften auf den Markt gebracht worden sind, eine sehr willige Aufnahme, so daß die ersten Emissionen wohl überall bald überzeichnet waren. Dazu kam noch die infolge der Kronenentwertung vielfach einsetzende Zuflucht zu den Aktien als Substanzwerte. Da ferner die verschiedenen Wasserkraftaktien infolge ihres niedrigen Begebungskurses (der sich ja nur auf eine Konzession, auf papierene Pläne und auf das Vertrauen zur Leitung der entstehenden Unternehmungen stützen konnte) als „leichte" Papiere auch dem kleinsten Sparer erschwinglich waren, fanden sie gerade in diesen Kreisen weite Verbreitung. Die spätere Entwicklung hat allerdings manche Enttäuschung gebracht. Nicht überall wurde das für die Aktien eingezahlte Geld rechtzeitig in Baustoffe usw. umgesetzt, es fiel der Entwertung anheim und die Kurse dieser Wasserkraftaktien blieben in der Aufwärtsbewegung weit hinter anderen Industriepapieren zurück. Die fortschreitende Kronenentwertung machte unausgesetzt Kapitalsvermehrungen zur Fortführung der Bauten erforderlich, so daß die in relativ gutem Gelde erworbenen ersten Emmissionen bis zur Unkenntlichkeit verdünnt und verwässert worden sind. Die dadurch hervorgerufene Enttäuschung machte in mehreren Ländern den Inlandmarkt für weitere Aktien nicht mehr aufnahmsfähig. Die Obligationen ihrerseits konnten, auch wenn sie auf Goldwerte lauteten, nicht jene Verzinsung anbieten, die auch bei kleinen Kapitalsanlagen am Geldmarkt erreichbar war. Durch diese Umstände kamen mehrere der Großwasserkraftbauten in Schwierigkeiten, die zu vorübergehenden Baueinstellungen führten und mit der Interessenahme ausländischen Kapitals an der Fortführung der Wasserkraftbauten endigten.

Es kommt darin in einzelnen Bundesländern eine gewisse Ermüdung zum Ausdruck, die sich wohl dadurch auswirken wird, daß nach Vollendung der in Ausführung stehenden Bauten eine Pause vor Inangriffnahme neuer Bauten recht wahrscheinlich ist. (Siehe darüber im speziellen Teil.)

Die Industrie und Landwirtschaft haben sich der vorgeschilderten Aktion nur teilweise angeschlossen. Weitausschauende industrielle Unternehmungen haben die Kriegsund noch mehr die Nachkriegskonjunktur zur Errichtung von Eigenanlagen benützt. Die hydroelektrische Eigenanlage bietet dem Industriellen, der das erste Opfer der Erbauung auf sich nimmt, neben den oft erwähnten Vorteilen der Betriebssicherheit, der Unabhängigkeit von der Preislage der Kohle, von Bahntarifen, von Streiks in Kohlenrevieren, bei Eisenbahnen, von Grenzsperren usw. noch die Annehmlichkeit der Anlage einer stillen Reserve. Dadurch, daß er sich den Strompreis innerhalb gewisser Grenzen beliebig zurechnen kann (bei guten Konjunkturen hoher Strompreis mit kräftiger Abschreibung der Anlage und umgekehrt), gibt ihm die Eigenanlage einen Rückhalt für wirtschaftlich ungünstige Zeiten, die ihm der Strombezug aus einem fremden Netz nicht gewähren kann. Allerdings gilt das nur insofern, als nicht große Darlehen für die Erbauung der Anlage zu tilgen sind. Deshalb sieht man auch zuweilen industrielle Eigenanlagen unter Verzicht auf eine kurze Bauzeit entstehen. Man zieht es vor, Interkalarzinsen für eine längere Bauperiode zu verlieren, dafür aber den Bau im Rahmen der eigenen finanziellen Leistungsfähigkeit auszuführen, um bei der Abschreibung freiere Hand zu haben und nicht unter der Zinsen- und Tilgungslast fremden Geldes zu arbeiten. Dadurch erklärt sich auch das Interesse, die Anlage der eigenen finanziellen Leistungsfähigkeit anzupassen und lieber nach und nach mehrere Stufen an Stelle einer Einheitsanlage auszubauen. Unter Umständen entsteht hier allerdings die Gefahr eines Raubbaues und einer Zersplitterung von natürlichen Wasserkraftdarbietungen.

Der größte Mangel, unter dem industrielle Eigenanlagen heute meist noch leiden, liegt darin, daß ihnen Fernleitungen zu anders gearteten Verbrauchern und zu Spitzenwerken, einerlei ob kalorischen oder hydraulischen, fehlen. Durch diesen Mangel wird einerseits das eigene Werk oft schlecht ausgenützt—Abfallenergieverwertung hat nahezu noch nirgends eingesetzt—und anderseits ist wegen einer kleinen Unterschreitung der gebrauchten Leistung durch die Wasserkraft der unrationelle Betrieb einer oft großen kalorischen Reserve erforderlich.

An industriellen Eigenanlagen von über 500 P. S. installierter Leistung sind in der Zeit von 1918 bis 1923 (einschließlich) 31 Anlagen mit zusammen 46.580 P. S. entstanden, der Vollendung (1924) gehen entgegen 17 Anlagen mit 145.120 P. S. installierter Leistung.

Ganz unerwartet intensiv setzte als Ergebnis der Licht- und Kraftnot einerseits, und als Ergebnis der Flucht vor der fallenden Krone anderseits, in der Nachkriegszeit die Kleinwasserkraftnutzung ein. Zu den nicht ganz 400 Kleinkraftanlagen, welche die Statistik der Elektrizitätswerke Österreichs im Jahre 1920 aufweist, stehen in Gegensatz 893 Anlagen, die allein im Jahre 1922 in Bau waren, wobei Kärnten mit 267 Anlagen an erster, Steiermark mit 234 Anlagen an zweiter und Niederösterreich mit 146 Anlagen an dritter Stelle stehen. Es folgen dann Salzburg mit 86, Oberösterreich mit 77, Tirol mit 76 und Vorarlberg mit 7 Anlagen. (Nach R. Jahn, „Wasserwirtschaft", 1923, S. 38.) Es zeigt sich darin die Tatsache, daß die Ersparnisse vor allem der Landwirtschaft, Kohle- und Menschenkraft sparenden Investitionen von dauerndem Werte zugeflossen sind und daß die Landwirtschaft nicht den Weg zu den Spielpapieren gefunden hat.

2. Die Bundesbahnen.

Durch das derzeit in Durchführung begriffene Elektrifizierungsprogramm der Bundesbahnstrecken westlich von Salzburg und Villach und der Salzkammergutbahn Steinach-Irdning—Attnang-Puchheim ergibt sich eine Kohlenersparnis von 306.000 bis 396.000 t Normalkohle (17·2% des gesamten Kohlenbedarfes der Bundesbahnen mit Ausnahme der Südbahn), gleich 214 bis 270 Milliarden Papierkronen pro Jahr, um welchen Betrag die Einfuhrseite der österreichischen Handelsbilanz erleichtert wird, weil es sich hier schon mit Rücksicht auf die Bergstrecken wohl ausschließlich um Auslandkohle handelt. Die mit der Elektrifizierung der Bahnen erzielte Sicherheit des Verkehrs durch seine Unabhängigkeit von den Kohlenzufuhren, die betriebstechnischen Vorteile, wie Erhöhung der Reisegeschwindigkeiten, durch Entfallen der Kohlen- und Wassereinnahme und der dadurch bedingten Zugsaufenthalte, die Personalersparnis durch den Wegfall des Anheizens und Ablöschens der Lokomotivkessel, das Entfallen der Kohlenmanipulation auf den Lagerplätzen der Bahnhöfe, die Verminderung der toten Last durch das Entfallen der Tender, die Schonung des Wagenparks, der Tunnelmauerungen und des Oberbaues durch das Entfallen der Ruß-, Gas- und Kohlenstaubplage, das Entfallen der Züge für die Beförderung der Dienstkohle, die Vermeidung von Brandschäden durch Funkenflug usw., und nicht zuletzt die Wirtschaftlichkeit des elektrischen Bahnbetriebes lassen es bedauerlich erscheinen, daß die finanziellen Grundlagen nicht vorhanden sind, um diese volkswirtschaftlich so hervorragend wichtige technische Tat rascher der Vollendung zuzuführen. Daß die Drosselung der Bauten im

Additional information of this book

(Die Wasserkraftnutzung in Osterreich; 978-3-662-27382-1; 978-3-662-27382-1_OSFO3)

is provided:

http://Extras.Springer.com

Stubachtal und in Mallnitz nicht weiter anhalte und das erste Programm der Bahn-elektrifizierung bald eine Fortsetzung für die Linien östlich von Salzburg und Villach finde, muß im Interesse der Nutzbarmachung der eigenen Wasserkräfte zugunsten der Handelsbilanz gewünscht werden.

3. Wien und Niederösterreich.

Die Notwendigkeiten und die derzeit absehbaren Grenzen der Versorgung Wiens und Niederösterreichs mit hydroelektrischer Energie werden durch die Betrachtung einiger statistischer Zahlen leichter erfaßt.

a) Von den 6,131.445 Einwohnern Österreichs ohne Burgenland (Volkszählung des Jahres 1920) entfallen auf Wien 1,841.326 oder 30·2% und auf Wien mit Nieder-österreich (letzteres mit 1,457.335 Einwohnern) 3,298.661 Einwohner oder rund 54%, d. h. mehr als die halbe Bevölkerung der Republik Österreich wohnt in Wien und Nieder-österreich. Von Wien und den Provinzhauptstädten abgesehen, besitzt Österreich noch 15 Siedlungszentren mit mehr als 10.000 Einwohnern und hievon entfallen neun, also drei Fünftel auf Niederösterreich.

Von den 60.311 gewerblichen Betrieben Österreichs entfallen 30.785 oder 51·2% auf Wien und Niederösterreich (15.599 = 26% auf Wien, 15.186 = 25·3% auf Nieder-österreich).

Von den 6915 fabriksmäßigen Betrieben Österreichs liegen 4213, also 60·9% in Wien und Niederösterreich (2446 = 35·3% in Wien und 1767 = 25·6% in Niederösterreich).

Besonders interessant für den vorliegenden Zweck ist die statistische Feststellung, daß im Jahre 1920 von den 7460 in Betrieb gewesenen Dampfkesseln Österreichs 4220, also 56·5% in Wien und Niederösterreich aufgestellt waren. Noch wichtiger als die Zahl der Dampfkessel ist jedoch für den vorliegenden Zweck der Vergleich der Heizflächen, und dieser ergibt, daß von den 518.905 m^2 Heizflächen aller österreichischen Dampf-kessel die Dampfkessel Wiens und Niederösterreichs zusammen 348.019 m^2, also 67%! (mehr als zwei Drittel) betragen haben.

Leider kann ich mangels an Material diese Zusammenstellung nicht auch auf die Diesel-, Benzin- und Sauggasmotoren ausdehnen, die wahrscheinlich ein ähnliches Verhältnis, wie das Heizflächenverhältnis es ist, ergeben würden.

Der wirtschaftliche Entwicklungsstand Wiens und Niederösterreichs kommt auch dadurch zum Ausdruck, daß diese Gebiete zwar nicht ganz ein Viertel der Fläche (23·2%) Österreichs einnehmen, aber mehr als ein Drittel (37·6%) des österreichischen Normalspur-bahnnetzes einschließen.

In der Binnenschiffahrt überwiegt ebenfalls Niederösterreich mit Wien den ober-österreichischen Donauverkehr ganz bedeutend.

Kennzeichnend ist auch die Tatsache, daß von den an den kollektiven Arbeits-verträgen des Jahres 1920 beteiligten 633.349 Angestellten und Arbeitern Österreichs 489.057 oder 77·7% (mehr als drei Viertel) auf Wien und Niederösterreich entfallen sind.

Diese überragende Stellung Wiens und Niederösterreichs in der industriellen Produktion kommt besonders zum Ausdruck in der Maschinen- und Metallindustrie, in der Baumwoll- und Wollindustrie, in der Lederindustrie usw.

Verlängert man den sich bei Gloggnitz verengenden Keil des Wiener Beckens nach Westen, über die Schwelle des Semmering hinweg, entlang des Einbruchsystems der Mürz und Mur, über die Orte Mürzzuschlag (Bleckmannwerke)—Krieglach—Wartberg (Vogel und Noot, Petzold) (Veitsch), Kapfenberg (Böhlerwerke, Eisenwerke Pengg)—Leoben (Alpine Montangesellschaft) (Donawitz), nach Zeltweg und Judenburg (Steirische Gußstahlwerke), so erhält man einen Gebietszuwachs, der die österreichische Schwer-eisenindustrie und Qualitätsstahlindustrie einschließt, der weiters 43·4% der öster-reichischen Braunkohlenerzeugung und 97% der österreichischen Steinkohlenerzeugung umfaßt (Wien und Niederösterreich miteingerechnet), der aber auch den Schwerpunkt der österreichischen Magnesit-, Graphit- und Gipsindustrie einschließt und einen ganz gewaltigen Faktor in der österreichischen Papier-, Zellulose-, Holzschliff- und Pappenfabrikation darstellt.

So reizvoll die quantitative Untersuchung dieser Tatsache auch ist, für den vorliegenden Zweck möge die Feststellung der industriellen Überlegenheit Niederösterreichs mit dem Wiener Becken und der St. Pöltener Bucht und der Hinweis darauf genügen, daß dieses Gebiet, ergänzt gedacht durch das Mürz-Murgebiet bis Judenburg der industriellen Produktion Österreichs das Gepräge verleiht, und Kopf und Rückgrat des industriellen Körpers Österreichs darstellt.

Wurden bisher nur Zahlen angeführt, welche auf den Kraftbedarf rückzuschließen gestatten, so mögen noch einige Werte angefügt werden, welche die finanzielle Leistungsfähigkeit Wiens und Niederösterreichs in Vergleich stellen mit jener des übrigen Österreich. Die Tatsache, daß Werte, die außerhalb Niederösterreichs geschaffen werden und in Wien zur Wirksamkeit kommen (Unternehmungen, deren Sitz in Wien, deren Produktionsstätten außerhalb Wiens und Niederösterreichs liegen), ändert an den nachfolgenden Feststellungen nichts.

Der Zahl nach hatten im Jahre 1920 87·4% aller österreichischen Aktiengesellschaften ihren Sitz in Wien, und diese Aktiengesellschaften besaßen ein Aktienkapital, das 93·7% des eingezahlten Aktienkapitals aller österreichischen Aktiengesellschaften ausmachte.

Von den Gesellschaften mit beschränkter Haftung in Österreich hatten 82·3% ihren Sitz in Wien und Niederösterreich, und diese besaßen 79·1% des Stammkapitals aller österreichischen Gesellschaften mit beschränkter Haftung.

Im Jahre 1920 hatten von den Banken Österreichs der Zahl nach 84·4%, dem eingezahlten Aktienkapital nach 95·2% ihren Sitz in Wien.

Damit ist wohl deutlich genug zum Ausdruck gebracht, daß der Wille und die finanzielle Macht diesen Willen durchzusetzen, die Leitung und Beeinflussung des österreichischen Wirtschaftslebens ganz überragend von Wien aus gelenkt wird. In Wien entscheidet sich auch jeweils die Frage, welchem Zweige des Wirtschaftslebens die Ersparnisse der österreichischen Wirtschaft, die doch zum überragenden Teil von den Banken verwaltet werden, zufließen sollen.

Als letzte Gruppe von Zahlen sei noch angeführt, daß im Jahre 1921, bzw. im Rechnungsjahre 1920/21 von Wien und Niederösterreich geleistet worden sind: 84·1% der direkten Steuern Österreichs und 87·4% der Verbrauchssteuern Österreichs.

Mit diesen Ausführungen wurde die Bedeutung und das Ansehen Wiens als Finanzierungsplatz für die Nachfolgestaaten, als Verbindungsglied zwischen dem westlichen und dem östlichen Altausland nicht berührt, es wurden nur Tatsachen angeführt, welche geeignet sind, Schlüsse zu ziehen: a) auf den Energiebedarf Wiens und Niederösterreichs, und b) auf die Mittel, welche Wien und Niederösterreich im Vergleich zum übrigen Österreich zum Ausbau von Wasserkräften bereitstellen können, wenn der Wille hiezu vorhanden ist.

Liegt demnach der Schwerpunkt des Energiebedarfes Österreichs für die bereits bestehenden Bedürfnisse der allgemeinen Licht- und Kraftversorgung in Wien, dem Wiener Becken und dem Donaugebiet bis St. Pölten, können weiters auch die finanziellen Machtmittel, die Wasserkraftnutzung Österreichs auch durchzuführen, von keinem Punkt des Inlandes so ausgiebig bereitgestellt werden als von Wien und dem Wiener Becken, so steht diesen Tatsachen die verblüffende Erscheinung gegenüber, daß in Niederösterreich in Kraftanlagen über 500 P. S. installierter Leistung nur 40.130 P. S. ausgebaut bzw. in Bau sind.

Das gibt auf den Kopf der Bevölkerung einen Anschlußwert von 0·01 P. S. In der Schweiz waren bis Juni 1921 an hydroelektrischen Großkraftanlagen 1,189.000 P. S. installiert, bei 3,887.000 Einwohnern. Es kam somit im Jahre 1921 auf den Bewohner

Additional information of this book

(Die Wasserkraftnutzung in Osterreich; 978-3-662-27382-1; 978-3-662-27382-1_OSFO4)

is provided:

http://Extras.Springer.com

ein Anschlußwert von 0·30 P. S., oder einem Schweizer Bürger stand aus den Wasserkräften seines Landes 30 mal soviel an Energie zur Verfügung als einem Bewohner Wiens und Niederösterreichs, oder Schweizer Verhältnisse auf Wien und Niederösterreich übertragen, würden besagen, daß zu den 40.000 P. S. noch eine halbe Million Pferdestärken auszubauen wären, um in beiden Ländern in diesem Punkt gleiche Zustände zu schaffen.

Die intensive Inangriffnahme neuer Kraftwerksbauten größten Stils in der Schweiz (z. B. Wäggital der Stadt Zürich, Barberine der schweizerischen Bundesbahnen) beweisen, daß sich die Schweiz noch nicht übersättigt fühlt.

Diesem Vergleich kann mit Recht entgegengehalten werden, daß die Schweiz sowohl nach Italien als auch nach Frankreich und Deutschland 16% der eigenen Stromerzeugung exportiert, und daß ferner allein in der elektrochemischen Schwerindustrie der Schweiz (Aluminium, Karbid, Ferrolegierungen, Korund usw.) große Mengen elektrischer Energie verbraucht werden, hingegen Wien und Niederösterreich vorderhand als Standorte für die elektrochemische Schwerindustrie nicht in Betracht kommen.

Vor 15 Jahren (1908) kam nach W. Conrad in Innsbruck auf den Kopf des Bewohners ein Anschlußwert von 0·18 P. S., also rund 18 mal soviel als nach Abschluß der gegenwärtig im Bau befindlichen Kraftwerke auf den Bewohner Wiens und Niederösterreichs entfallen werden. Die Interessenahme der Stadt Innsbruck am Ausbau des Achensee-Kraftwerkes weist aber am deutlichsten auf die Tatsache hin, daß diese Energiedarbietung den Bedürfnissen der Stadt nicht mehr genügt. (Dabei hat die Bevölkerung Innsbrucks von 1910 bis 1920 nur um 2465 Seelen = 4·63% zugenommen.) Am Zustande der Energieversorgung der Stadt Innsbruck vom Jahre 1908 gemessen, würde somit Wien mit Niederösterreich über eine installierte Leistung von 324.000 P. S. verfügen müssen, um seinen Bewohnern eine gleich reichliche Energiedarbietung zur Verfügung stellen zu können. Allerdings ist bei diesen Vergleichen außer acht gelassen, daß die Gemeinde Wien in ihren Kohlenbergbauen in Zillingsdorf und Lunz eine kalorische Aushilfe besitzt, und daß Teilgebiete des Wiener Beckens durch die Kreidekohlen Grünbachs am Schneeberg (von den kleineren Bergbauen: Grillenberg, Statzendorf abgesehen) teilweise mit Energie versorgt werden. Endlich dürfen die vielen privaten Eigenanlagen, die teils auf ausländische Kohle, teils auf ausländische Mineralölprodukte eingestellt sind, bei der Besprechung der derzeitigen Energieversorgung Wiens durch die Gemeinde Wien, nicht übersehen werden. Auch muß beachtet werden, daß, wie bereits erwähnt, in Wien und Umgebung 28.815 Häuser, bzw. 359.144 Wohnungen überhaupt noch ohne Elektrizität sind.

Auch verbieten sich einzelne Anwendungsgebiete des elektrischen Stromes von selbst (elektrisches Kochen, Raumheizung, Speiceröfen, Dampferzeugung usw.) oder sie werden nur in beschränktem Maße betätigt, weil die Energie entweder nicht vorhanden oder zu teuer ist.

Wie immer man bei diesen Vergleichen der Energieversorgung Wiens und Niederösterreichs die zum Vergleich herangezogenen Verhältnisse auch abwiegt, oder Daten der Statistik auswertet, immer kommt man zum Ergebnis, daß das Versorgungsgebiet der Wag und der Newag eine Energiedarbietung von einigen hunderttausend Pferdestärken schon jetzt aufnehmen könnte, und hier einer der wirksamsten Einsatzpunkte zur Aufbesserung der österreichischen Handelsbilanz vorliegt.

Einer solchen Feststellung gegenüber nehmen sich die Wasserkraftprojekte der Wag und Newag mit etwas über 50.000 P. S. zu installierender Leistung recht bescheiden aus, wie es denn überhaupt sehr diskussionsfähig ist, ob der Weg, schrittweise, durch den Bau von Anlagen mit 1000 und einigen 1000 P. S. dem Bedürfnis von einigen 100.000 P. S. entgegenzutreten, der geeignete sei.

Im Lande Niederösterreich sind die hydroelektrischen Energiemengen, die das Land braucht, überhaupt nicht vorhanden, wenn man von Großkraftwerken an der Donau vorläufig Abstand nimmt. Für den unbeeinflußten Beobachter weist der Weg zu den Quellen der Energieversorgung Wiens und Niederösterreichs nach den Großkraftzentren im Westen von Wien und Niederösterreich, also nach Steiermark und Oberösterreich.

Daß der Stadt Wien der Ausbau der Ennskraftstufe im Gesäuse, mit eventuell 180.000 bis 200.000 P. S. Spitzenleistung und mit einer Jahresarbeit von 700 Millionen Kilowattstunden, durch die maßgebenden Faktoren des Landes Steiermark verwehrt worden ist, ist um so bedauerlicher, als die Gesäuseenergie in Steiermark niemals so hochwertig wird ausgenützt werden können, als es bei Wien heute vielleicht schon der Fall wäre.

Dem 17 *km* langen Gesäusestollen (mit einem längsten Stück von 8 *km*) stehen gegenüber 11·6 *km* Stollen (mit einem längsten Stück von 4 *km*), welche beim Opponitz-Kraftwerk, das die Wag nunmehr im „eigenen" Lande der Beendigung zuführt, die aber geologisch wesentlich ungünstigere, technisch bedeutend kostspieligere Verhältnisse angetroffen haben, als es voraussichtlich beim Gesäusestollen der Fall wäre — und Opponitz erzielt eine Leistung von 12.000 P. S. mit einer Jahresarbeit von 50 Millionen Kilowattstunden.

Da die Hochspannungsleitung, welche Opponitz mit Wien verbinden wird, mit einer Verlängerung von 25 *km* das Gesäuse erreichen würde, wäre der Ausbau dieses Großkraftwerkes dem Energiebedarf Wiens und Niederösterreichs auch heute noch angepaßt und vom energiewirtschaftlichen Standpunkt aus höchst wünschenswert. Die von Wien bis Opponitz bzw. Gresten nahezu fertiggestellte 110.000 Voltleitung der Wag, bis zum Gesäuse verlängert und von dort über Leoben-Bruck-Mürzzuschlag nach Wien zurückgeführt, würde eine Ringleitung darstellen, welche mitten durch die wertvollsten Wirtschaftszentren Österreichs führt.

Neben der Ennskraft des Gesäuses kämen noch die „Untere Enns" an der Gemeinschaftsstrecke zwischen Ober- und Niederösterreich, sowie die oberösterreichischen Ennsstufen, mit ihren allerdings wesentlich kleineren Leistungen für Wien und Niederösterreich in Betracht.

Das Donaukraftwerk Wallsee wurde ebenfalls bereits wiederholt im Zusammenhange mit der Energieversorgung Wiens genannt, und vielleicht wird auch das Hinterschweigersche Traunprojekt Lambach-Wels-Linz in diesem Zusammenhange studiert.

Der Zusammenschluß, bzw. die Verlängerung der Hochspannungsleitung Wien-Gresten-Linz mit dem Bayernwerk bzw. mit den Kraftwerken des Main-Donau-Kanals, und so vor allem mit dem in Bau befindlichen Donaukraftwerk bei Passau, oder die Übernahme der winterlichen Wasserklemme durch den Weißensee und durch die anderen Seekraftwerke Kärntens sind weiter abliegende Zukunftsmöglichkeiten.

4. Die übrigen Bundesländer.

Für die vorliegende Betrachtung unterscheiden sich die übrigen Bundesländer von Wien und Niederösterreich durch ihren viel größeren Reichtum an Wasserkräften, denen ein bedeutend geringerer Energiebedarf gegenübersteht.

So werden in **Oberösterreich** nach Vollendung der Werke Partenstein (der Oweag) und Ranna (Stern und Hafferl) auf 100 Einwohner 8·7 in Großkraftanlagen installierte Pferdestärken kommen (vgl. Tafel III, Abb. 24 und Tabelle S. 107). Die Praxis zeigt, daß diese Energie im Lande selbst augenblicklich ohneweiters nicht mehr aufgenommen werden kann, denn Partenstein wird nach seiner Fertigstellung Strom nach Wien abgeben und damit allerdings erreichen, daß es vom Tage seiner Betriebseröffnung an mit 100% ausgenützt sein wird. Auch ist wahrscheinlich die Anzahl von installierten

Pferdestärken auf 100 Einwohner für Oberösterreich größer als 8·7, weil die Werke „Groß-Arl I" und „Groß-Arl II" bei St. Johann im Pongau zwar in Salzburg gelegen sind, einen Teil ihrer Erzeugung aber sicherlich nach Oberösterreich abgeben (Verbindungsleitung der Anlagen Stern und Hafferl).

Auch ist in der Tabelle S. 107, aus der die pro Kopf installierte Leistung errechnet wurde, die Kleinwasserkraftnutzung nicht in Betracht gezogen, ferner sind die vielen direkten Antriebe der Mühlen-, der Holz- und der Kleineisenindustrie nicht eingerechnet usw. Endlich darf auch nicht übersehen werden, daß einzelne Landesteile mit elektrischem Strom noch ganz unversorgt sind, weil diese Teile noch nicht durch Fernleitungen erschlossen sind, obschon Oberösterreich besser als alle anderen Bundesländer elektrisch erschlossen ist.

In der relativ geringen Pferdestärkenzahl pro 100 Einwohner drückt sich auch der stark landwirtschaftliche Charakter von Oberösterreich aus, das nur in Linz, Wels und Steyr bedeutendere Zentren für die eisenverarbeitende und für die Textilindustrie, neuerdings auch für die feinkeramische und für die Glasindustrie besitzt. Die Holz- und die Kleineisenindustrie, besonders letztere, siedeln an ihren historisch übernommenen Standorten (Nordausstrahlungen des steirischen Erzberges in die Täler der Enns, der Steyr und des Steyrling).

Die Elektrochemie hat in Oberösterreich nur in der Aluminiumfabrik Stern und Hafferl in Steeg am Hallstätter See Eingang gefunden. Diese im Jahre 1916 erbaute Fabrik erzeugt auch die Tonerde und die Elektroden selbst. Die im Zusammenhang mit der Sacharinfabrik in Linz (Lustenau) erbaute Permanganatfabrik hat meines Wissens ihren Betrieb ebenso eingestellt wie die Anlage für Kupferelektrolyse (vorübergehend auch Zinkelektrolyse) in Steeg am Hallstätter See.

Steiermark, das sich nach allen in der Tabelle dargestellten Gesichtspunkten als das nach Wien und Niederösterreich am stärksten industrialisierte Bundesland Österreichs darstellt, wird auch nach Beendigung des Teigitschwerkes nur 7·5 P. S. installierter Leistung auf 100 Einwohner aufweisen. Es wäre dennoch unrichtig, aus dieser Tatsache auf einen sehr großen Stromhunger des Landes schließen zu wollen, wenn auch einige tausend Pferdestärken sicherlich sofort aufgenommen werden könnten. Steiermark verfügt außer über Wasserkräfte noch über andere Energiequellen, die es nicht ungenützt lassen kann. Zu diesen Energiequellen zählen zunächst die Hochofengichtgase, mit ihrer ersten Auswertung in den Gasmaschinen und mit der weiteren Ausnützung in den Abhitzekesseln der Gasmaschinen. Diese sehr bedeutende Energiequelle ist mit dem Schicksal der steirischen Eisenschwerindustrie auf das engste verknüpft, und sie wäre in der Lage, elektrischen Strom billig abzugeben.

Ebenso drängt sich die großenteils bereits durchgeführte Abhitzeverwertung der Verbrennungsgase aus den Martinöfen und aus anderen Öfen der Eisenindustrie auf.

Endlich ist der steiermärkische Braunkohlenbergbau als Energiefaktor für die Überlandversorgung deshalb nicht zu übersehen, weil ein großer Teil der steirischen Braunkohle wegen ihres relativ geringen kalorischen Wertes nur einen kleinen Aktionsradius besitzt. Nur in Zeiten außergewöhnlicher Kohlenknappheit kann die steirische Braunkohle, besonders jene des Köflach-Voitsberger Beckens, bis in das Industriegebiet des Wiener Beckens vordringen. In Perioden normalen wirtschaftlichen Lebens bleibt der Absatz auf einen wenig erweiterungsfähigen Lokalmarkt von etwa 80 bis 100 *km* Halbmesser beschränkt. Die Sorten minderer Qualität zwingen aber geradezu zu einer Verwertung am Gewinnungsort. Es deuten sich somit hier zwei Entwicklungsmöglichkeiten an, und zwar entweder die Errichtung von kalorischen Überlandzentralen, oder die Veredlung der Kohle zu einem Produkt, das sich einen größeren Aktionsradius erringen kann.

Die drei Energiequellen der Gichtgas- und Abhitzeverwertung, der Braunkohlenverbrennung und der Wasserkraftnutzung werden deshalb in Steiermark beim derzeitigen Stand der Industrialisierung des Landes in Konkurrenz treten, mit dem voraussichtlichen Ergebnis, daß jedem Bewerber ein Teil der Energieversorgung zufallen wird bzw. bereits zufällt.

Der natürliche Gang der Entwicklung weist, für die allernächste Zeit wenigstens, wohl auch den Weg längs des Mürztales und über den Semmering nach Niederösterreich und Wien, in die am meisten an Energie notleidenden Versorgungsgebiete der Wag und der Newag.

In **Kärnten** werden nach Vollendung des Forstsee- und des Arriachwerkes auf 100 Einwohner 19 in Wasserkraftanlagen installierte Pferdestärken entfallen. Diese verhältnismäßig hohe Ziffer (mehr als doppelt so hoch als in Steiermark) steht in scheinbarem Widerspruch mit der relativen Industrie- und Geldarmut Kärntens (385 Fabriksbetriebe in Kärnten, gegenüber 1070 in Steiermark). 0·4% des österreichischen Aktienkapitals haben ihren Sitz in Kärnten, gegenüber 4·6%, welche in Steiermark tätig sind, usw. (siehe Tabelle).

Erklärt wird diese relativ und absolut hohe Ausbauziffer dadurch, daß zunächst das im Bau befindliche Bahnkraftwerk in der Zusammenstellung bereits eingerechnet erscheint, während für Steiermark, Niederösterreich und Wien diese Post noch fehlt, und für Oberösterreich nur der Anteil des Werkes Steeg mit einbezogen worden ist.

Ferner hat die Kohlenarmut des Landes und die geographisch nicht sehr günstige Lage des Erz-, Magnesit- und Zementbergbaues frühzeitig zur Schaffung von Wasserkrafteigenanlagen geführt, so daß die genannten Bergbaubetriebe sich frühzeitig von anderen Energiequellen unabhängig gemacht haben. Die Bleiberger Bergwerks-Union ging hier an vorderster Stelle (siehe speziellen Teil). Auch die Eisenindustrie Kärntens nützt die hydroelektrische Energie weitgehend aus.

Auch weist in keinem Bundeslande Österreichs die Elektrochemie jene Vielgestaltigkeit auf, welche Kärnten bereits heute besitzt.

Die Treibacher chemischen Werke betreiben in Treibach an der Gurk zwei Anlagen zur Erzeugung von Cereisen. Dasselbe Unternehmen baut den Mühldorfer Bach zur Herstellung von Ferrolegierungen aus. An der Gurk betreibt die Elektrobosna bei St. Johann am Brückl eine Alkalielektrolyse mit einer Chlorkalkfabrik.

Die chemischen Werke in Weißenstein zwischen Villach und Spittal a. d. Drau nehmen am Markt von Wasserstoffsuperoxyd eine führende Rolle ein. Diese, an und für sich nicht sehr großen Eigenanlagen der verschiedenen Industrien Kärntens ergeben die hohe Ausbauziffer dieses Landes. Daß große Energiemengen beim heutigen Entwicklungszustand des Landes nicht aufgenommen werden könnten, beweist das vorsichtige Vorgehen der Käwag ebenso wie der Gemeinden Villach und St. Veit a. d. Glan, welche es vorziehen, durch relativ kleine Neuanlagen (Forstsee und Tiebelbach, Arriach und Passering) nur so viel Energie bereitzustellen, als voraussichtlich schon in der allernächsten Zeit, ohne besondere Umstellungen und ohne industrielle Neugründungen, abgesetzt werden kann. Die Tendenz, die gewonnene Energie möglichst als „Edelenergie" abzusetzen und den niedrigen Preisen der „Abfallenergie" aus dem Wege zu gehen, kommt hier besonders deutlich zum Ausdruck.

Salzburg weist mit einer Ausbauziffer von 27·5 P. S. auf 100 Einwohner die zweithöchste relative Ausbauziffer Österreichs auf, obschon es die kleinste Anzahl von Fabriksbetrieben besitzt. In die Aufstellung der Tabelle sind allerdings die im Bau befindlichen Großkraftanlagen in der Strubklamm (Stadt Salzburg), an der Fuscher Ache (Safe) und die Bahnkraftwerke im Stubachtal bereits einbezogen. Anderseits läßt die hohe relative Ausbauziffer erkennen, wie bedeutend die Elektrochemie und zum Teil auch der Stromexport in Salzburg bereits sind, bzw. nach Vollendung des Strubklamm- und des Bärenkraftwerkes sein werden.

Die beiden Anlagen an der Gasteiner- und **an der** Rauriser Ache, welche die Aluminiumfabrik in Lend mit Strom versehen, fallen sehr bedeutend ins Gewicht. Das Bärenkraftwerk im Fuschertal soll überwiegend der Versorgung einer Kalziumkarbid-Kalkstickstoff-Fabrik (in Golling) dienen. Die beiden Stufen in der Groß-Arler Ache der Elektrizitäts A. G. Stern und Hafferl liefern einen Teil ihrer Energie nach Oberösterreich. Das Wiestalwerk der Stadt Salzburg beliefert heute schon mit seinem fallweisen Energieüberschuß die elektrochemischen Werke der Dr. Alexander Wacker-Gesellschaft in Burghausen am Inn in Bayern. (Kalziumkarbid, Azeton, Essigsäure, Trichlorethylen usw.) Es zeigt sich somit, daß die hohe, relative Ausbauziffer Salzburgs ihre Erklärung findet: a) in den Bahnkraftwerken, b) in den elektrochemischen Anlagen für die Aluminium- und die Kalkstickstoffindustrie (letztere in Vorbereitung) und c) in der Stromausfuhr nach Oberösterreich und nach Bayern.

Tirol steht mit 23·8 P. S. installierter Leistung für 100 Einwohner nur wenig hinter Salzburg nach. Auch hier sagt die hohe Ausbauziffer, daß die Energiemenge über die Bedürfnisse der allgemeinen Licht- und Kraftversorgung hinausragt. Das Bahnkraftwerk am Rutzbach, das Kraftwerk der „Brennerwerke G. m. b. H." in Matrei am Brenner, welches die Ferrosiliziumfabrik daselbst mit Energie versorgt, und das Wiesbergwerk der Karbidfabrik in Landeck tragen zur hohen Ausbauziffer ganz wesentlich bei. Die nach dem Paulingschen Verfahren arbeitende Salpetersäurefabrik in Patsch bei Innsbruck, welche ihren Strom vom Sillwerk der Stadt Innsbruck bezieht, erscheint hiebei nicht gesondert ausgewiesen, obschon sie zu Zeiten guter Wasserstände der Sill über 10.000 KW aus den Sillwerken entnimmt.

Die übrigen elektrochemischen Anlagen Tirols (Kupferelektrolyse in Brixlegg, Chloratfabrik in Schwaz und Chloratfabrik am Dirschenbach bei Zirl) sind in so bescheidenen Abmessungen gehalten, daß ihre Stromverbrauchsziffern für die Zahlen der Tabelle ohne Bedeutung sind.

Daß die Westtiroler Großkraftwerke ebenso wie die Zillertaler Wasserkraft A. G. die großen Energiemengen der von ihnen projektierten Anlagen nur an erst zu errichtende elektrochemische Großanlagen liefern müßten und daß auch das Achensee-Kraftwerk für Zwecke der allgemeinen Licht- und Kraftversorgung viel zu groß ist und seinen Energieüberschuß für Bahnzwecke und für elektrochemische Zwecke absetzen müßte, bedarf keiner weiteren Begründung.

Vorarlberg steht mit 46·1 P. S. installierter Leistung für 100 Einwohner in der Elektrizitätsversorgung, relativ genommen, an erster Stelle. In keinem Bundeslande waren die vorhandenen Industrien, hier vor allem die Textilindustrie, bereits vor dem Kriege so weitgehend auf die Benützung der Wasserkräfte eingestellt, als gerade in Vorarlberg. Auch hat die Verwendung der Elektrizität im Haushalte (Kochen, Bügeln, Warmwasserbereitung, Heizen) in Vorarlberg weitgehend Eingang gefunden, so daß in bezug auf die Wasserkraftnutzung der Übergang von der Schweiz nach Österreich keinen Sprung darstellt. Endlich sind in der Tabelle in den 46·1 P. S. auf 100 Einwohner einbezogen: das Bahnkraftwerk Spullersee und das im Bau befindliche Gampadelswerk.

Daß aber weitere Großwasserkraftbauten mit Absatzschwierigkeiten im Lande zu kämpfen hätten, findet darin seinen Ausdruck, daß die Energie des projektierten Lünersee-Werkes und der Werke an der Ill zum überwiegenden Teil exportiert werden soll.

5. Elektrochemische Industrie.

a) Allgemeines.

Der vorstehend gegebene Überblick zeigt, daß Großwasserkraftanlagen, wie sie in den einzelnen Bundesländern in großer Zahl projektiert sind, mit Einzelleistungen von 20.000 und mehr als 20.000 P. S. für Zwecke der allgemeinen Licht- und Kraftversorgung keineswegs mit einem entsprechenden sofortigen Absatz der von ihnen erzeugten Energie rechnen könnten. Wenn auch anzunehmen ist, daß mit der Erschließung der Länder durch Fernleitungen der Stromabsatz rasch zunehmen wird, so wird dennoch nach Vollendung der augenblicklich im Zuge befindlichen Großwasserkraftbauten vorerst eine gewisse Sättigung mit elektrischer Energie wahrnehmbar sein.

Eine Ausnahme hievon werden noch für längere Zeit Wien und Niederösterreich machen.

Als Großabnehmer für elektrische Energie kommen somit in der weiteren Entwicklung in Betracht: die Eisenbahnen für das Netz östlich von Salzburg und Villach, ferner die elektrochemische Industrie und endlich die Verwertung des elektrischen Stromes zur Dampf- und Wärmeerzeugung einschließlich der elektrischen Raumheizung. Die weitere Entwicklung des Wasserkraftbaues Österreichs wird, vom Allgemeinbedarf für Wien und Niederösterreich abgesehen, somit in Hinkunft wesentlich davon abhängen, wie rasch sich die Bahnelektrifizierung und die elektrochemische Industrie in Österreich weiter entwickeln und ausbauen.

Auf die Elektrifizierung der Eisenbahnen wurde bereits weiter oben hingewiesen. Die elektrochemische Industrie erscheint in Österreich noch in vielfacher Richtung ausbaufähig.

Immer aber wird sich die Diskussion dieser Fragen um den Kernpunkt des Strompreises bewegen. Die elektrochemische Schwerindustrie, welche Artikel des Welthandels erzeugt, muß mit den analogen Produkten der ausländischen Wasserkräfte in Konkurrenz treten und deshalb auch auf den Preis Bedacht nehmen, zu welchem die ausländische Industrie den Strom erhält.

In Schweden wird den Elektrohochöfen in Trollhättan der Strom mit $^3/_4$ Öre für die Kilowattstunde zur Verfügung gestellt, in den mitteldeutschen Braunkohlengebieten mit ihren so überaus günstigen Abbauverhältnissen gelingt es, der elektrochemischen Großindustrie den Strom zu einem Preise zuzurechnen, der sich unter einem Goldpfennig für die Kilowattstunde bewegt. Ältere Kraftanlagen haben vor neu entstehenden den Vorteil weitgediehener Abschreibungen voraus. So kann die elektrochemische Industrie wohl eine weitgehende Ausnutzung der Jahresarbeit einer Wasserkraftanlage bieten, sie wird aber immer auf Strompreise Bedacht nehmen müssen, die zwei Goldheller für die Kilowattstunde unter Umständen schon als zu hoch erscheinen lassen.

Daß jeder einzelne Fall einer besonderen Untersuchung bedarf, ist wohl selbstverständlich.

Wenn auch der günstigste Fall der Ausnützung einer Großkraftanlage dann vorliegt, wenn ein möglichst großer Teil der erzeugten Energie als teurer Lichtstrom, ein weiterer, wesentlicher Teil als verhältnismäßig gut bezahlter Kraftstrom und der Rest möglichst vollkommen für elektrochemische- oder Wärmezwecke ausgenützt werden kann, so darf dabei doch nicht übersehen werden, daß die elektrochemische Industrie der Strombelieferung nicht beliebig anpassungfähig ist, daß im Gegenteil, auch die elektrochemische Industrie ein wesentliches Interesse daran hat, ihre Anlagen und ihren Apparat an Beamten und Arbeitern möglichst vollkommen, d. h. möglichst das ganze Jahr hindurch auszunützen. Auf einen reinen Saisonbetrieb, mit völliger Kaltstellung in der Zeit der Wasserklemme wird sich auch die elektrochemische Industrie nicht einlassen können. Die Kalt-Heiß-Prozesse der Stickstoffoxydation im Flammenbogen können sich in geradezu vollkommener Weise den augenblicklich zur Verfügung stehenden Strommengen anpassen,

Additional information of this book

(Die Wasserkraftnutzung in Osterreich; 978-3-662-27382-1; 978-3-662-27382-1_OSFO5)

is provided:

http://Extras.Springer.com

weil hier die Zu- und Abschaltung der Aggregate in Bruchteilen einer Minute vollzogen ist. Bei den elektrothermischen Schmelzprozessen ist die Anpassung an die Unregelmäßigkeiten der täglichen Schwankungen vielfach schon nicht mehr möglich. Die starke Einschränkung der Produktion während der wasserarmen Wintermonate hat aber andere wirtschaftliche Nachteile im Gefolge, so daß also auch hier eine ökonomische Grenze gezogen erscheint.

In einem allgemeinen Überblick bieten die Entwicklungsmöglichkeiten der elektrochemischen Schwerindustrie Österreichs folgendes wirtschaftliches Bild:

b) Elektroroheisen.

Mit einem Verdrängen der Kokshochöfen der österreichischen Schwereisenindustrie durch Elektrohochöfen ist nicht zu rechnen. Hier soll die Frage, ob Österreich bei seinen heutigen Grenzen und der derzeitigen Technik der Roheisendarstellung überhaupt die natürlichen Voraussetzungen für die Schwereisenindustrie erfüllt, nicht diskutiert werden. Angenommen nur eine Tagesproduktion von 100 Waggons Roheisen (zwei von den vier Hochöfen des Werkes Donawitz erzeugen täglich etwas über 80 Waggons Roheisen, einer der beiden Hochöfen in Eisenerz erzeugt täglich rund 30 Waggons Roheisen) und weiters die günstigen Stromverbrauchsziffern für schwedische Magneteisensteine mit über 60 % Fe angenommen, würde einen täglichen Stromverbrauch von (2400 KWSt. für die Tonne Roheisen) 2·4 Millionen Kilowattstunden erfordern, oder 100.000 KW müßten das ganze Jahr hindurch ausschließlich auf Elektroroheisen arbeiten, um kaum die halbe Erzeugung von Donawitz und Eisenerz aufzubringen. Da im Elektrohochofen mit Koks als Reduktionsmittel sehr ungünstige Erfahrungen gemacht worden sind, wären für diese Roheisenerzeugung, selbst unter den günstigen Annahmen für schwedische Verhältnisse, täglich 36 Waggons Holzkohle erforderlich, eine Menge, die laufend aufzubringen ebenfalls unmöglich ist. Außer Betracht gelassen wurde noch, daß der Eisengehalt der steirischen Spateisensteine auch im gerösteten Zustande sehr weit hinter den schwedischen Magnetiten zurücksteht, daß der Stromverbrauch also sicherlich viel höher wäre, als er in Schweden ist. Diese Andeutungen mögen wohl genügen, um darzutun, daß von einer Umstellung der Eisenschwerindustrie vom Kokshochofen auf den Elektrohochofen keine Rede sein kann.

Anders liegen die Verhältnisse bei den kleinen Rot- und Magneteisensteinvorkommen, über die Österreich verfügt und die schon infolge ihrer kleinen Substanzziffern nicht in den Rahmen der Schwerindustrie passen. Diese Vorkommen, im Elektrohochofen verwertet, könnten die hochentwickelte Qualitätsstahlindustrie Österreichs mit ihrem Bedarf an Holzkohlenroheisen, den sie zum Teil aus Schweden deckt, zum Teil selbst erzeugt, zu einem harmonischen Wirtschaftsbilde ergänzen. Eisenerzvorkommen von 100.000 oder einigen 100.000 bis zu einer halben Million Tonnen Eiseninhalt fügen sich in eine Eisenschwerindustrie, die täglich mindestens 1000 t Eisen erzeugt, nicht harmonisch ein.

Man sieht, daß derartige Vorkommen den Erzbedarf der Schwerindustrie nur für 100 bis 500 Tage decken würden.

Ein Elektrohochofen des vielfach erprobten Typus der „Elektrometall", der für etwa 3000 KW gebaut ist und etwa drei Waggons Elektroroheisen im Tage erzeugt, könnte durch ein solches Erzvorkommen durch 10 bis 50 Jahre mit Erzen versorgt werden, d. h. zwischen den Substanzziffern der kleineren Eisenerzvorkommen und zwischen dem Elektrohochofen besteht eine harmonische Abstimmung der Ziffernwerte. Auch die Holzkohlenversorgung erscheint unter diesen Verhältnissen betrachtet viel eher möglich. Für die 30 t Roheisen wären rund 10 t Holzkohle arbeitstäglich erforderlich. Allerdings hat, in Schweden wie in Österreich, die rasche Entwicklung der Holzstoff- und Pappenfabrikation und der Zelluloseerzeugung einerseits, sowie die Entwicklung des Kohlenbergbaues (schwedisches Grubenholz wird in sehr großen Massen dem englischen Steinkohlenbergbaue zugeführt) der Meilerverkohlung den Rohstoff entzogen, und die Holzkohle selten und teuer gemacht. Dem tritt aber in neuerer Zeit die Retortenverkohlung des Holzes mit der Gewinnung wertvoller Nebenprodukte erfolgreich entgegen. Da sich in der jüngsten Zeit auch in Österreich Kleinanlagen für Retortenverkohlung des Holzes, besonders des Buchenholzes in Ober- und Niederösterreich ansiedeln, ist hier immerhin ein Ausblick gegeben, der wenigstens die teilweise Eigenversorgung eines Elektrohochofens mit Holzkohle möglich erscheinen läßt.

Wenn mit dem Entstehen der Eisenschwerindustrie die zahlreichen kleinen Hochofenanlagen, die sich von Pitten und Hirschwang in Niederösterreich über Steinhaus ins Murtal bis Unter-Zeyring und weiter über die Schmelz bei Obdach ins Lavanttal in Kärnten und in das Görtschitz-, Gurk- und Olsatal verfolgen lassen, zum Erliegen gebracht worden sind, so eröffnet sich jetzt die Möglichkeit, mit Hilfe des Elektrohochofens und der Retortenverkohlung Industrien ähnlicher Größenordnung für die Qualitätsstahlindustrie wieder erstehen zu sehen.

Es wäre somit immerhin denkbar, 3000 bis 6000 KW für einen bzw. für zwei Elektrohochöfen in Österreich arbeiten zu sehen.

c) Elektrostahl.

In Österreich sind derzeit 20 Elektrostahlöfen aufgestellt, so daß schätzungsweise 20.000 P. S.[5] auf Elektrostahl arbeiten. Einzelne dieser Stahlöfen sind ausschließlich auf Strom aus Dampfanlagen eingestellt (Wien), andere arbeiten teils mit Wasserkraft-, teils mit Dampfkraftstrom. Daß sich der Elektrostahlofen in der Qualitätsstahlindustrie immer mehr durchsetzt und seinen Wirkungskreis auf Kosten des Martinofens einerseits und auf Kosten des Tiegelstahlofens anderseits immer mehr erweitert, ohne indessen den einen oder den anderen ganz zu verdrängen, ist eine unter Stahlfachmännern oft gehörte Ansicht. Im wesentlichen wird auch hier die Verbreitung des Elektrostahlofens vom Verhältnis des Strompreises zum Kohlenpreis bedingt werden. Interessant ist die Entwicklung der Elektrostahlwerke in den Vereinigten Staaten von Nordamerika, deren Anzahl von 10 Werken im Jahre 1911 auf 40 im Jahre 1915, weiters auf 135 im Jahre 1917, weiter auf 286 Anlagen im Jahre 1919 anstieg und im Jahre 1921 auf 356 Anlagen angewachsen ist, somit einer 35fachung in zehn Jahren erfahren hat. Die installierte Transformatorenleistung stieg für diese Elektrostahlwerke von 10.000 KW im Jahre 1911 auf 320.000 KW im Jahre 1921.

Es kann somit in der Elektrostahlindustrie bei fortschreitender Wasserkraftnutzung mit einer Erweiterung bestehender Anlagen und mit der Errichtung von Neuanlagen gerechnet werden. Vor allem aber erscheint die Versorgung der bestehenden Anlagen mit Wasserkraftelektrizität an Stelle der vielfach noch in Verwendung stehenden Dampfkraftelektrizität geboten. Sucht man nach der Größenordnung der Kilowattziffer, die

---

[5]) **Niederösterreich:** a) Wagner, Biro u. Kurz in Wien, 2 Stassano-Öfen, mit 1300 *kg* Einsatz und einer Leistung von zirka 400 KW (Dampfkraftstrom der Gemeinde Wien). b) Wien: Arsenal, 1 Héroult-Ofen, 6 *t* Einsatz, Dampfkraftstrom. Während des Krieges erbaut und unvollendet geblieben. c) Gasser in St. Pölten, 3 Stassano-Öfen, 1300 bis 1400 *kg* Einsatz. Teils Wasserkraft, teils Dieselmotor. d) Fischersche Weicheisenwerke in Traisen, 2 Héroult-Öfen, 4000 *kg* Einsatz, Leistung 900 KW. d) Leobersdorf, Maschinenfabrik, 1 Héroult-Ofen, 6 *t* Einsatz. e) Ternitz, Schoeller-Werke, 1 Héroult-Ofen, 6000 *kg* Einsatz, 880 KW.

Steiermark: f) Mürzzuschlag, Bleckmann-Werke, 1 Nathusius-Ofen, 6 *t* Einsatz. g) Kapfenberg, Böhlerwerke, 1 Nathusius-Ofen für 10 *t* Einsatz, 2 Héroult-Öfen für 6 *t* bzw. 4 *t* Einsatz. h) Diemlach bei Bruck a. d. Mur, Felten u. Guillaume, 1 Héroult-Ofen für 6 *t* Einsatz. i) Judenburg, Steir. Gußstahlwerke, 2 Héroult-Öfen für 300 bzw. 2500 *kg* Einsatz und 180 bzw. 650 KW Energieaufnahme. 1 Gesta-Ofen für 7000 *kg* Einsatz und 1250 KW Energieaufnahme. k) Rottenmann, D. v. Lapp, 1 Héroult-Ofen.

Kärnten: l) Ferlach, Kärntner Eisen-Industrie Ges., 1 Héroult-Ofen, 1 Fiat-Ofen.

hier aus Wasserkräften zu leisten wäre, so wird ein Betrag von etwa 20.000 KW, auf alle Anlagen verteilt, einen Zuwachs gegenüber dem jetzigen Zustande darstellen, der wahrscheinlich nicht so bald erreicht werden dürfte.

Metallschmelzöfen.

Die elektrischen Metallschmelzöfen sind meines Wissens in Österreich überhaupt noch nicht industriell eingeführt (Messingwerk Achenrain in Tirol?).

Wieder das Beispiel der Vereinigten Staaten Nordamerikas angeführt, sei erwähnt, daß daselbst im Jahre 1915 die erste Anlage errichtet wurde, daß im März 1920 bereits 268 elektrisch geheizte Kupfer-, Bronze-, Messing- und Aluminium-Schmelzanlagen bestanden haben, deren Zahl bis zum März 1921 auf 409 Anlagen angestiegen ist. 46.000 KVA installierter Transformatorenleistung standen diesem Industriezweig zur Verfügung.

Für Österreich wird man wohl schon hoch gegriffen haben, wenn man annimmt, daß 2000 P. S. in absehbarer Zeit zum Schmelzen von Metallen und Metallegierungen Verwendung finden werden.

d) Ferrolegierungen.

An Ferrolegierungen wird in Österreich nur 50%iges Ferrosilizium von der Elektrobosna in Deutsch-Matrei am Brenner erzeugt. Hiefür stehen im Sommer 5400, im Winter 3000 P. S. zur Verfügung, was einer Jahresproduktion von etwa 3800 t 50%igen FeSi entspricht. Angaben, die mir von industrieller Seite gemacht worden sind, besagen, daß die Absatzfähigkeit für Ferrosilizium in der Eisenindustrie Österreichs und in der Tschechoslowakei die vorgenannte Menge weit übersteigt.

Noch ungünstiger für Österreich ist es aber, daß noch viel hochwertigere Ferrolegierungen, vor allem das Ferrowolfram und das Ferrochrom, in Österreich überhaupt nicht erzeugt und trotz des Bedarfes der Edelstahlindustrie an diesen Produkten, zur Gänze aus dem Auslande bezogen werden. Nur Ferromolybdän wurde vorübergehend in den Treibacher chemischen Werken dargestellt. Nach den Angaben, die über die Absatzfähigkeit von Ferrochrom, Ferrowolfram und von hochprozentigem Ferrosilizium in Österreich und in der Tschechoslowakei von industrieller Seite zu erhalten waren, errech-nete sich der Kraftbedarf für die Erzeugung dieser Legierungen mit 22.000 P. S. (als konstante Jahresleistung gerechnet, welche Forderung aber keineswegs erfüllt zu werden braucht). Nicht einbezogen in diese Rechnung ist der Bedarf an Ferromangan, der ebenfalls mehrere tausend Tonnen jährlich in Österreich ausmacht. Allerdings sind die Treibacher chemischen Werke daran, den Mühldorfer Bach stufenweise bis auf eine installierte Leistung von 40.000 P. S. auszubauen, und die gewonnene Energie in einer Fabriksanlage, die nächst Mühldorf im Bau ist, für die Herstellung von Ferrolegierungen zu verwenden, so daß in diesem Punkte eine sehr wirksame Abhilfe zu erwarten ist.

Die Kalziumkarbidindustrie verfügt in Österreich über die Fabrik in Landeck, mit dem Kraftwerk in Wiesberg (12.000 P. S. Sommerleistung). Diese Fabrik bearbeitet das erzeugte Karbid nicht weiter. Das im Bau befindliche Bärenkraftwerk (10.300 P. S. Sommerleistung) im Fuscher Tal, Salzburg, beabsichtigt, in einer bei Golling zu errichtenden Karbidfabrik, dieses auf Kalkstickstoff weiter zu verarbeiten. Die Entwicklung der österreichischen Kalziumkarbidindustrie wird wohl wesentlich davon abhängen, ob und wie weit sich die Weiterverarbeitung des Kalziumkarbids in Österreich einführt. Die Erzeugung von Essigsäure und Azeton aus Kalziumkarbid hat in der Schweiz vor allem durch die Lonza-Werke und in Bayern durch die Dr. Alexander Wacker-Gesellschaft in Burghausen am Inn eine weitgehende industrielle Verwirklichung gefunden. (Die Alkoholerzeugung aus Karbid scheint in der Schweiz wieder aufgelassen worden zu sein.) In Österreich besteht eine Weiterverarbeitung des Kalziumkarbids überhaupt noch nicht.

e) Stickstoffindustrie.

In Österreich besteht in Patsch bei Innsbruck eine Salpetersäurefabrik, welche nach dem Paulingschen Verfahren den Luftstickstoff oxydiert und die infolge ihrer weitestgehenden Anpassungsfähigkeit an die jeweils zur Verfügung stehenden Strommengen, die weitestgehende Ausnützung der Abfallenergie der Sillwerke der Stadt Innsbruck gewährleistet. Da aber bekanntlich die Energieausbeute bei diesem Prozesse infolge der stark wechselnden Gleichgewichtsverhältnisse des Gasgemisches $N:O:NO$ bei den zu durchlaufenden Temperaturintervallen eine äußerst geringe ist, finden die Flammenbogenprozesse, trotzdem sie an Rohstoffen zur Salpetersäureerzeugung nur Luft und Wasser benötigen, keine weite Verbreitung. Ob die Stickstoffbindung aus der atmosphärischen Luft, in Österreich den Weg über das Kalziumkarbid zu Kalkstickstoff, oder über die Ammoniaksynthese aus dem Wasserstoff des Wassergases und aus Stickstoff nach dem Haberschen Verfahren nehmen wird, oder ob beide Prozesse nebeneinander arbeiten werden, scheint noch nicht entschieden zu sein. Beim dringenden und großen Stickstoffbedarf der österreichischen Landwirtschaft, würden im Falle der Stickstoffbindung aus Kalziumkarbid zu Kalkstickstoff, besonders wenn auch die Wiesendüngung Platz greift, Wasserkraftanlagen im Ausmaße von vielen tausend Pferdekräften der Stickstoffdüngererzeugung zugeführt werden können.

f) Karborundum, Korund usw.

Beim hohen Stand der Eisen- und Metallindustrie Österreichs ist der Verbrauch an Schleif- und Poliermitteln ein bedeutender. Karborundum wird in Österreich überhaupt nicht erzeugt. Geschmolzene Tonerde (Bauxit) erzeugen die ,,Tyrolit‘‘-Werke Swarovski in Wattens bei Hall in Tirol im Blockbetrieb, bei Nacht, mit einer Anlage von rund 500 P.S. installierter Leistung, deren Energie tagsüber anderen Zwecken dient. Es scheint somit, nur um den Inlandbedarf an Schleif- und Poliermitteln zu decken, auch dieser elektrothermische Prozeß in Österreich noch ausbaufähig zu sein.

g) Aluminium.

Von den schmelzelektrolytischen Prozessen steht die Aluminiumerzeugung mit ihrem großen Stromverbrauch an erster Stelle. (Siehe Tafel IV, Abb. 25a und 25b.) Wenn auch in Österreich zwei Anlagen auf Aluminium arbeiten (Fabrik Lend in Salzburg, mit den Kraftwerken an der Gasteiner Ache und an der Rauriser Ache, und Fabrik Steeg am Hallstätter See), so nimmt doch der Aluminium-Weltverbrauch so rasch zu, daß eine aufsteigende Entwicklung dieser Industrie auch in Österreich erfolgversprechend wäre. Allerdings spielen gerade beim Aluminium die Stromkosten eine geradezu entscheidende Rolle (25 bis 30 KWSt. pro 1 *kg* Al).

In Bayern geht der Bau des Großkraftwerkes ,,Mittlerer Inn‘‘ der Vollendung entgegen, dessen 90.000 P.S. auf Aluminium (im Bedarfsfalle auch auf Karbid) arbeiten werden. Übrigens scheint den Westtiroler Großkraftwerken u. a. der Gedanke der Errichtung einer Aluminiumfabrik zugrunde zu liegen.

h) Cereisen.

Das von A u e r in Treibach in Kärnten erfundene und eingeführte Cereisen wird in Treibach in Kärnten und in Bruck a. d. Leitha (1200 P. S. Maximalleistung) erzeugt. Es kommen bei diesem Produkt, dessen Absatz sich kilogrammweise vollzieht, so geringe Energiemengen in Betracht, daß es wasserwirtschaftlich nicht ins Gewicht fällt. Von den E l e k t r o l y s e n wässeriger L ö s u n g e n ist Österreich mit K u p f e r e l e k t r o l y s e n sichtlich gesättigt. Während des Krieges errichtete Anlagen kamen nach dem Kriege zur Auflassung. Dasselbe gilt auch von der elektrolytischen Zinnrückgewinnung aus Weißblechabfällen.

i) Die Kochsalzelektrolyse

wird in der Anlage an der Gurk bei St. Johann am Brückl in Kärnten betätigt. Das örtliche Zusammenfallen von Großwasserkräften mit den österreichischen Salzbergbauen schafft für die Entwicklung der Kochsalzelektrolyse außerordentlich günstige Voraussetzungen. Den Kraftanlagen an der Kainisch-Traun bei Aussee, an der Koppen-Traun im Koppenwinkel, stünden die Salzsolen der Bergbaue Aussee, bzw. Aussee und Hallstatt zur Verfügung. Weniger günstig, aber immerhin noch gut liegen die Verhältnisse beim Halleiner Salzberg und bei jenem von Hall in Tirol. Daß die „Ausseer chemischen Werke", welche die Kainisch-Traun mit der Kraftanlage und der Elektrolyse nächst dem Bahnhof Aussee auszunützen beabsichtigten, lange vor Bauvollendung liquidierten, bleibt bedauerlich. Die Koppen-Traun überragt nicht nur die KainischTraun in der Kraftleistung um das Dreifache, ihr stünden im Koppenwinkel ferner die Salze zweier Bergbaue (Aussee und Hallstatt) zur Verfügung, und außerdem hat die Alluvialebene zwischen Koppenwinkel und dem Hallstätter See den Vorteil reicher Darbietung ebenen Baugeländes, und des Nichtzusammenfallens einer elektrochemischen Industrie mit einem Kurorte, wie dies bei Aussee der Fall wäre.

Die elektrolytische Erzeugung von Chloraten und von Persalzen ist in Österreich vertreten: a) durch die Chloratfabriken in Schwaz in Tirol des Chemischen Vereines für metallurgische Produktion in Aussig und b) durch eine Fabrik in Zirl in Tirol (Ennemoser). Beide Anlagen sind klein, so daß auf Chlorat in Österreich nur etwa 500 bis 600 P. S. arbeiten. Auch in dieser Industrie liegen noch Erweiterungsmöglichkeiten vor und es ist nicht ausgeschlossen, daß das projektierte Achensee-Kraftwerk einen Teil seiner Energie einer Industrie von Chloraten und von Persalzen zuführen wird.

Die Industrie der Persalze wird durch die Anlagen der Chemischen Werke in Weißenstein, zwischen Villach und Spittal a. d. Drau betätigt, woselbst Wasserstoffsuperoxyd erzeugt wird. Schätzungsweise dürften etwas über 2000 P. S. in dieser Industrie für die Elektrolyse festgelegt sein, der Rest der Energie der Kraftanlagen dieser Fabrik wird für den Betrieb der Kältemaschinen und für mechanische Zwecke verbraucht. Auch diese Industrie ist im Begriffe, sich fortwährend zu vergrößern, so daß schon in naher Zeit wieder einige tausend Pferdestärken mehr auf Perhydrol arbeiten dürften.

Die Permanganatfabrik in Linz hat ihren Betrieb, der mit der Saccharinfabrik daselbst organisch zusammengehangen hat, eingestellt.

Ob die Schmelzelektrolyse der Leichtmetalle, vor allem des Kalziums und des Magnesiums, für Österreich Aussichten auf weitgehende Entwicklung hat, kann ich nicht beurteilen. In der Rohstofffrage ist in dieser Produktion Deutschland wesentlich günstiger daran.

6. Wärmeverwertung des elektrischen Stromes.

Das elektrische Kochen und Bügeln, die elektrische Warmwasserbereitung im Haushalt, die kleinen elektrischen Permanenzöfen usw. (siehe Abb. 2) fallen noch in den Rahmen der allgemeinen Licht- und Kraftversorgung, und ihr Erfassen immer weiterer Kreise wird jedenfalls die Entwicklung der allgemeinen Licht- und Kraftversorgung günstig, wenn auch nicht entscheidend beeinflussen. Dasselbe gilt von der Anwendung der Elektrizität in landwirtschaftlichen Betrieben und im Gewerbe für Zwecke der mechanischen Antriebe und der Wärmeverwertung (Obstdörren, Leimkochen, Schweißmaschinen usw., siehe Abb. 2).

Die elektrische Raumheizung in Form von Zusatzheizungen zu bestehenden Zentralheizungsanlagen, besonders aber durch Verwendung von Wärmespeicheröfen, ist während des Winters und während der Übergangsjahreszeiten in der Lage, dem Nachtstrom der allgemeinen Licht- und Kraftwerke und vieler industrieller Eigenanlagen glatten Absatz, wenn auch zu niedrigen Preisen, zu sichern und auf diese Weise den Ausnützungsfaktor der Werke ganz wesentlich zu steigern. Selbst im Rahmen der heute bestehenden Kraftanlagen, besonders unter Einbezug der industriellen Eigenanlagen, könnte schon eine wesentliche Ersparnis an Brennholz und an Hausbrandkohle erzielt werden, wenn die Nachtenergie während der Arbeitsruhe für Heizzwecke Verwendung fände. Die Schweiz ist in dieser Richtung geradezu beispielgebend vorgegangen. Da eine Kilowattstunde nur 860 Kalorien bedeutet, ergibt sich von selbst die Notwendigkeit niedrigster Strompreise, wobei allerdings die Tatsache aushilft, daß Wärmespeicheröfen nahezu 100% Nutzeffekt haben, gegenüber 15 bis 20% Nutzeffekt der Zimmeröfen. Von denselben Gesichtspunkten aus muß auch die Dampferzeugung im Elektrodampfkessel mit seinem hohen Wirkungsgrad und seiner einfachen Bedienung beurteilt werden. Die Kilowattstunde bedeutet nur $^5/_4$ kg Dampf, so daß auch hier die Forderung nach billigem „Abfallstrom" entsteht. Immerhin werden die Fälle immer häufiger, in denen sich die Einstellung von Elektrodampfkesseln zur Erzeugung von Dampf für Trocknungs-, Heiz- und Kochzwecke in der Industrie als höchst vorteilhaft für das Elektrizitätswerk (Verwertung der Abfallenergie) und für das Industrieunternehmen erweist. Die Dampfspeicher (Ruths) sind dieser Entwicklung sehr zuträglich. Die hiebei erzielte Kohlenersparnis kommt wieder der Handelsbilanz zugute. Auch Ansätze und Versuche zur Erzeugung von kaustischem und von Sintermagnesit mittels des elektrischen Stromes als Wärmeträger, zur Erzeugung von Zement und Kalk und endlich zum Heizen von Öfen der keramischen Industrie sind bereits vorhanden. Die hier zu überwindenden Schwierigkeiten sind weniger technischer Art, sie sind vielmehr in der Forderung nach niedrigen Strompreisen bei großen Strommengen gelegen.

Die Betrachtung über die Entwicklungsnotwendigkeiten und über die Entwicklungsmöglichkeiten führt demnach zu folgenden Ergebnissen:

1. **Für allgemeine Licht- und Kraftversorgung könnten in Wien und Niederösterreich** noch Energiemengen bis zu einigen 100.000 P. S. untergebracht werden. Für einen Teil dieser Energie ist der Bedarf geradezu dringend.

2. **Die allgemeine Licht- und Kraftversorgung der übrigen Bundesländer** wird nach Vollendung der im Zuge befindlichen Bauten eine gewisse Sättigung erreichen und für Kraftanlagen großer Leistung (10.000 bis 20.000 P. S.) nur dürftige Absatzmöglichkeiten bieten.

3. **Die Elektrifizierung der Bundesbahnen für das Netz östlich von** Salzburg und Villach wäre ebenso dringend geboten wie die raschere Bauausführung des Mallnitzwerkes und der Stubachwerke. Zu installierende Leistungen von etwa 250.000 P. S. könnten für diesen Zweck erfaßt werden.

4. **An elektrochemischen Industrien** läßt sich eine Entwicklung derart erkennen, daß **4000 bis 8000 P. S. im Elektroroheisen und gegen 20.000 P. S. in bereits bestehenden, aber mit Dampfkraft betriebenen und in neu zu errichtenden Elektrostahlöfen** untergebracht werden könnten. **Metallschmelzöfen sollen nur mit höchstens 2000 P. S.** veranschlagt werden.

In Anlagen für Ferrolegierungen, vor allem für die hochwertigen, ließen sich auch ohne Ferromangan 20.000 P. S. **und mehr unterbringen.** (Großanlagen bereiten sich bei Mühldorf im Mölltal vor.)

Der Ausbau der Kalziumkarbidindustrie wird wesentlich davon beeinflußt werden, welcher Prozeß der Stickstoffbindung (ohne Elektrizität nach dem Haberschen Verfahren, oder mit Elektrizität über Karbid und Kalkstickstoff) in Österreich zur Einführung gelangen wird. **Im letzteren Falle wäre Aussicht auf die Festlegung von 50.000 P. S. und mehr für die Karbid- und Stickstoffindustrie keine Übertreibung.** (Bärenkraftwerk, Westtiroler Großkraftwerke.)

Die Industrie der Schleif- und Poliermittel (Korund und Karborundum) könnte ebenfalls **noch einige 1000 P. S. aufnehmen.**

Die Aluminiumindustrie wäre in Österreich noch in weitesten Grenzen entwicklungsfähig. (Westtiroler Großkraftwerke!)

Die Kochsalzelektrolyse fände in Österreich selten günstige Voraussetzungen für ihre Entwicklung. (Kainisch-Traun und Koppen-Traun.)

Die Industrie der Chlorate und Perchlorate scheint sich in Tirol ausbauen zu wollen (Achensee i. T.), für das Wasserstoffsuperoxyd und für andere Persalze scheint sich auch in Kärnten der Ausbau weiterer Wasserkräfte vorzubereiten.

5. Die weitere Verbreitung des elektrischen Kochens, Bügelns usw. wird die Ausnützung allgemeiner Licht- und Kraftanlagen aufbessern, noch mehr die elektrische Dampferzeugung und die Raumheizung.

6. Bei Vorhandensein von billigem Strom wird sich wohl noch die eine oder andere Wärmeverwertung für Zwecke der Schwer- und Feinkeramik, der Magnesitindustrie usw. durchsetzen.

Literaturverzeichnis.

Von einer Aufzählung aller benutzten Arbeiten, die besonders bei der Anfertigung der Tafeln herangezogen worden sind, wurde mit Rücksicht auf den Umfang eines solchen Verzeichnisses Abstand genommen. Die nach Abschluß des Manuskriptes (April 1924) erschienene Literatur wurde nicht mehr berücksichtigt.

I. Morphologischer Teil

(Wassermengen, Gefälle, Speichermöglichkeiten).

1. Diener C., Hoernes R., Sueß F. E., Uhlig V.: Bau und Bild Österreichs. Wien, 1903.
2. Davis W. M., deutsch von Rühl A.: Die erklärende Beschreibung der Landformen. Leipzig 1912.
3. Heim A.: Geologie der Schweiz (Abschnitte über Morphologie), II Bde., Leipzig, 1921.
4. Penck A. und Brückner E.: Die Alpen im Eiszeitalter. III Bde., Leipzig, 1909.
5. Der österr. Wasserkraftkataster. Herausg. vom hydrogr. Zentralbureau im Bundesministerium für Handel und Gewerbe, Ind. und Bauten. Alle, bis 1923 erschienenen Blätter.
6. Ampferer O.: Über die Entstehung der Hochgebirgsformen in den Ostalpen. „Zeitschr. d. D. u. Ö. A.-V.", S. 72 bis 96, 1915.
7. Klebelsberg R. v.: Die Hauptoberflächensysteme der Ostalpen. Verh. geol. R.-A., S. 45, 1922.
8. Krebs N.: Länderkunde der österr. Alpen. Stuttgart, 1913.
9. Distel L.: Die Formen alpiner Hochtäler insbesonders im Gebiete der Hohen Tauern und ihre Beziehung zur Eiszeit. Landeskundl. Forschungen, herausg. v. d. geogr. Ges. München, 1912.
10. Götzinger G.: Zur Frage des Alters der Oberflächenformen der östlichen Kalkhochalpen. Mitt. d. geogr. Ges. Wien, S. 39, 1913.
11. Creutzburg N.: Die Formen der Eiszeit im Ankogelgebiet. Ostalpine Formenstudien, herausg. v. F. Levy, Berlin, 1921.
12. Oestreich K.: Ein alpines Längstal zur Tertiärzeit. Jb. geol. B.-A., S. 165, 1899.
13. Klebelsberg R. v.: Der Brenner, geologisch betrachtet. „Z. d. D. u. Ö. A.-V.", 1920.
14. Ampferer O.: Über die Bohrung von Rum bei Hall in Tirol. Jb. geol. St. A., Bd. 71, Heft 1 und 2, 1921.
15. Born A.: Isostasie und Schweremessung, ihre Bedeutung für geol. Vorg., Berlin, 1923.
16. Schmidt W.: Gebirgsbau und Oberflächenform der Alpen. Jb. geol. Bundesanst., Heft 3 und 4, 1923.
17. Penck A.: Die Gipfelflur der Alpen. Sitzungsber. d. preuß. Ak. d. Wiss., S. 256, 1919.
18. Ornig J.: Gewässerkunde und Wasserkraftwirtschaft in den Alpen. „Die Wasserwirtsch.", S. 214, 1923.
19. Commenda H.: Materialien zur Orographie und Geognosie des Mühlviertels. S. 53 u. f. im 22. Ber. über das Museum Francisco-Carolinum, Linz 1884 und Material zur Geognosie Oberösterreichs, Linz, 1900.
20. Lehmann O.: Zur Beurteilung der Ansichten Puffers über die Böhmerwaldformen. Mitt. d. geogr. Ges. Wien, S. 919, 1917.
21. Ornig J.: Gütegrade von Talsperren im Gebirge und Flachland. „Die Wasserwirtsch.", S. 122, 1923.

II. Elektrisierung der Bundesbahnen.

22. Hruschka A.: Bericht über die Vorarbeiten zur Elektrifizierung der k. k. öst. Staatsbahnen. „Elektr. Kraftbetrieb und Bahnen", S. 483, 1910 und S. 561, 1911.
23. — Elektr. Zugförderung. „Elektr. Kraftbetrieb und Bahnen", S. 394, 1910.
24. — Stand der Arbeiten zur Elektrisierung der österr. Staatsbahnen. „Elektr. Kraftbetrieb und Bahnen", S. 686, 1912.
25. Gleichmann B.: Elektr. Zugförderung. „Elektr. Kraftbetrieb und Bahnen", S. 181, 1910.
26. Mitteilungen über die Studien und vorbereitenden Maßnahmen der österr. Staatseisenbahn-Verwaltung zur Ausnützung der Wasserkräfte und zur Einführung des elektr. Betriebes auf Vollbahnen. Bearb. im k. k. Eisenbahnminister., I. Teil, Wien, 1917.
27. Gesetz betr. die Einführung der elektr. Zugförderung auf den Staatsbahnen der Republik Österreich. 925 d. Beilagen d. konstituierenden Nationalversammlung.

28. **Dittes P.**: Der gegenwärtige Stand der Elektrisierung unserer Staatsbahnen. Z. österr. Ing.- und Arch.-Ver., S. 129, 1920, S. 95, 1921, S. 99, 1922, S. 109, 1923.
Vom gleichen Verfasser sind unter gleichem oder ähnlichem Titel Abhandlungen erschienen in: „Elektr. Kraftbetriebe und Bahnen", ferner in der „Schweizer. Wasserwirtschaft", in der „Wasserwirtschaft", Wien, in der „Wasserkraft", München.
29. **Kargl F.**: Das Rutzwerk und seine Erweiterung. „Die Wasserwirtschaft", S. 71, 1923.
30. **Seefehlner E. E.**: Die elektr. Zugförderung auf der Puget—Sound-Strecke der Chicago—Milwaukee—St.-Paul-Bahn als Anregung und Vorbild für den elektr. Betrieb auf den österr. Gebirgsbahnen. „Elektr. Kraftbetrieb und Bahnen", S. 185, 1918, S. 17, 1919.
31. — Elektr. Zugförderung, Berlin, Julius Springer, 1922.
32. Kraftwerk der österr. Bundesbahnen am Spullersee bei Danöfen. Wien, 1921.

III. Wien und Niederösterreich (einschließlich Donau).

33. **Grünhut K.**: Elektr. Wirtschaft und Wasserkraftnützung. Wien, 1919 (Wallsee-Projekt).
34. — Das Donaukraftwerk im Marchfelde. Wien, 1921.
35. **Kindermann**: Die Donaukraftwerke in und bei Wien. „Die Wasserwirtschaft", S. 14, 1921.
36. **Janesch R.**: Donauhafen, Donaukraftwerke und Hochwasserschutz von Wien. „Die Wasserwirtschaft", S. 109, 1921.
37. **Brandl S.**: Zur Frage der Donauwasserkraftnutzung. „Die Wasserwirtschaft", S. 241, 1922.
38. **Reich R.**: Die Donau-Wasserkräfte. „Die Wasserwirtschaft", S. 40, 1920.
39. **Grohmann E.**: Der Bau von Wasserkraftwerken an der Donau. „Z. d. ö. I.- u. A.-Ver.", S. 207, 1921.
40. **Kurzel-Runtscheiner E.**: Die Niederösterr. Elektr.-Wirtsch. A. G. „Newag", ihr Werden, ihre Kraftwerke, ihr Leitungsnetz und ihre Zukunftspläne. Wien (Manz), 1923.
41. — Die Ybbs-Wasserkraftanlage Göstling—Opponitz. (Merkblatt der Wag).
42. — Die Ybbskraftwerke der Gemeinde Wien. „Die Wasserwirtschaft", S. 247, 1921 (ferner Berichte über den Baufortschritt, meist in der „Wasserwirtschaft" veröffentlicht).
43. **Schmidt L.**: Das Myrawerk der Stadtgemeinde Wiener-Neustadt. „Z. d. ö. I.- u. A.-Ver.", S. 185, 1920.
44. Projekte für Wasserkraftanlagen an der unteren Erlauf. „Die Wasserwirtschaft", S. 331, 1921.
45. **Karel J.**: Über die Elektr.-Wirtschaft der Gemeinde Wien. „Die Wasserwirtschaft", S. 245, 1923.
46. Das Kraftwerk der zweiten Wiener Hochquellenleitung zwischen Kienberg und Gaming. „Die Wasserwirtschaft", S. 244, 1923.
47. **Singer M.**: Die Elektr.-Versorgung von Wien und Niederösterreich. „Z. d. ö. I.- u. A.-Ver.", S. 187, 1920.
48. **Bodenseher E.**: Die Wasserleitungs-Kraftwerke Lunz—Gaming—Kienberg. „Z. d. ö. I.- u. A.-Ver.", S. 94, 1924.

IV. Oberösterreich.

49. **Schlosser H.**: Der Ausbau der Wasserkräfte von Oberösterreich, Vortrag, Linz, 1920.
50. **Kvetensky A.**: Kraftwerk Partenstein. „Elektro-Journal", S. 4, 1922; ferner: verschiedene Berichte über Baufortschritt und Finanzierungen, meist in der „Wasserwirtschaft" veröffentlicht.
51. Elektrizitätswerke Stern und Hafferl A. G., gedruckte Berichte der Generalversammlungen mit Bauberichten. 1908—1922.
52. **Redl Th.**: Die Studienges. „Untere Enns". „Die Wasserwirtschaft", S. 213, 1921.
53. Bau eines neuen Kraftwerkes am oberen Traunflussè. (Siebenbrunn). „Die Wasserwirtschaft", S. 264, 1920.
54. **Gürtler E.**: Neue Großwasserkraftprojekte in Oberösterreich (Hinterschweigersche Traun- und Alm-Projekte). „Die Wasserwirtschaft", S. 11, 1923.

V. Steiermark.

55. Ein gemischt-öffentliches Großkraftwerksunternehmen in Steiermark. Herausg. v. d. vorbereit. Konsortium, Graz, 1918.
56. **Hofbauer R.**: Ennskraftwerke im Gesäuse. Graz, 1920.
57. — Das steirische Großkraftwerksunternehmen. Graz, 1921.
58. — Die Energieversorgung Mittelsteiermarks. Graz, 1922.
59. — Der Ausbau der steirischen Großwasserkräfte, ein Teil der österr. Sanierung. Graz, 1923.
60. **Marbler H.**: Die Grundlagen des wirtschaftlichen Ausbaues der Wasserkräfte Deutschösterreichs. Graz, 1919.

61. Marbler H.: Zur Frage des Ausbaues der Wasserkräfte Steiermarks, eine kritisch-wirtschaftliche Studie zur Schrift: Ein gemischt-öffentliches Großkraftwerksunternehmen in Steiermark. Graz, 1919.
62. — Die Ennskraftwerke im Gesäuse. Graz, 1920.
63. Über den Ausbau der steirischen Wasserkräfte. Zur Schrift des Ziviling. H. Marbler. Herausg. vom vorbereitenden Konsortium der Industriellen. Graz und Wien, 1919.
64. Ornig J.: Wasserhaushalt von Gruppenspeichern in den Alpen. „Wasserkraft" (München), S. 365, 1922. Behandelt das Gebiet des Talbaches bei Schladming.

VI. Kärnten.

65. Haßler J.: Wasserwirtschaftsfragen an Deutschösterreichs Südgrenze.
66. — Leistungsfähigkeit der Kärntner Großkraftwerke.
67. — Die Floß- und Plättenschiffahrt und der Ausbau der Drau- und Möll-Wasserkräfte in Kärnten.
68. — Die Badewärme und die Sporteisdecke der Kärntner Seen — ein Naturgeheimnis?
69. — Laboratoriums- und Naturversuche zur Beurteilung der Seetemperaturfragen bei Seekraftwerken.
70. — Das Wärme- und Eisbild des Weißen-Sees (1910—1920).
71. — Das Wärme- und Eisbild des Ossiacher Sees.
72. — Das Wärme- und Eisbild des Klopeiner Sees.
73. — Die Wärme- und Eisverhältnisse des Millstätter Sees hinsichtlich Oberfläche, Zufluß und Abfluß.
74. Winkler W.: Ein Beitrag zur Beantwortung der Frage der Kärntner Wasserkräfte. „Die Wasserwirtschaft", S. 1, 1921.
75. Redl Th.: Die Wasserkraft-Aktion in Kärnten. „Die Wasserwirtschaft", S. 139, 1922.
76. — Drau—Wörthersee-Kraftwerke. „Die Wasserwirtschaft", S. 86, 100, 122, 1919.
77. Das Wasserkraftwerk Launsdorf an der Gurk. „Die Wasserwirtschaft", S. 312, 1923.
78. Wolf A.: Kärntens Elektr.-Wirtschaft. „Die Wasserwirtschaft", S. 311, 1923.
79. Merkl F.: Der Wörthersee mit und ohne Drau. „Kärntnerland", alpenland. Wochenschr., 1919.

VII. Salzburg.

80. Mayrhofer J.: Das bestehende Wiestalwerk des städt. Elektr.-Werkes Salzburg und das im Bau befindliche Strubklammwerk, „Z. ö. I.- u. A.-V.", Heft 11/12, 1923.
81. Judtmann O.: Der Bau des Murfallwerkes. „Z. ö. I.- u. A.-Ver.", S. 5, 1921.

VIII. Tirol.

82. Innerebner K.: Die Wasserkräfte in Nordtirol. „Z. ö. I.- u. A.-Ver.", S. 3, 1921.
83. Ampferer O.: Landschaft und Geologie des Achensees. Sonderheft der „Wasserwirtschaft", 1919.
84. Der Achensee und die Ausnützung seiner Wasserkräfte. Achensee-Sonderheft der „Wasserwirtschaft", 1919.
85. Jahn R.: Achenseekraftwerk. „Die Wasserwirtschaft", S. 199, 1923.
86. Die Wasserkraftanlage der Bundesverwaltung Kitzbühel an der Jochberger Ache. „Die Wasserwirtschaft", S. 317, 1922.
87. Pernt M.: Das Achensee-Werk. „Die Wasserwirtschaft", S. 13, 1921.
88. Kennerknecht F.: Innwasserkraft und Innschiffahrt. „Die Wasserkraft" (München), S. 11, 1922.
89. Posch E. v., Das Westtiroler Großkraftwerk, „Wasserkraft", S. 26, 1922.
90. Die Sillwerke der Stadt Innsbruck in Tirol. „Wasserkraft", S. 183, 1922.

IX. Vorarlberg.

91. Loaker A.: Ausbau der Vorarlberger Wasserkräfte. „Die Wasserwirtschaft", S. 275, 1922.
92. — Der Ausbau der Vorarlberger Wasserkräfte. Wasserwirtschaft, S. 250, 1922.
93. — Die Wasserkraftausnützung in Vorarlberg. „Die Wasserwirtschaft", S. 187, 1921.

X. Zum wirtschaftlichen Teil.

94. Conrad W.: Die kaufmännische Bedeutung der österr. Alpenwasserkräfte, ihre Rentabilität, Finanzierung und Besteuerung. Wien, 1910.
95. Kurzel-Runtscheiner E.: Österreichs Energiewirtschaft und die Ausnützung seiner Wasserkräfte. Wien, 1923.
96. Reich R.: Wasserkraft — und Handelsbilanz. „Wasserwirtschaft", S. 167, 1921.
97. Brand M.: Wasserkraft — und Handelsbilanz. „Die Wasserwirtschaft", S. 199, 1921.

98. Brock F.: Kritische Betrachtungen über die zwei größten Fehlbeträge in der Handelsbilanz 1922. „Die Wasserwirtschaft", Nr. 12 und 13, 1923.
99. Schlosser H.: Der Ausbau der Wasserkräfte von Österreich. Vortrag, Linz, 1920.
100. Gruder J.: Streiflichter zur Frage des Ausbaues und der Verwertung der deutsch-österr. Großwasserkräfte. Innsbruck, 1919.
101. Brock F.: Wasserkraft und Kohle im Lichte unserer Handelsbilanz. „Z. d. ö. I.- u. A.-Ver.", S. 280, 1923.
102. Ludin A. und Waffenschmidt W. G.: Über Wertberechnung von Wasserkräften. Berlin, 1921.
103. Leiner J.: Ertragreichster Ausbau von Wasserkräften. München, 1920.
104. Brand M.: Finanztechnische und dynamische Untersuchungen der Wirtschaftlichkeit von Wasserkraft- und Wärmekraftanlagen. Wien, 1921.
105. Leiner J.: Wirtschaftliche Zukunft schwachvalutig gebauter Wasserkräfte. „Z. d. ö. I.- u. A.-Ver.", S. 67, 1923.
106. Statistisches Handbuch für die Republik Österreich, III. Jahrg. Herausg. vom Bundesamt für Statistik. Wien, 1923.
107. Hainisch M.: Wirtschaftliche Verhältnisse Deutschösterreichs. Herausg. im Auftrage des Ver. für Sozialpolitik. München-Leipzig, 1919.
108. Stolper G.: Deutsch-Österreich: Neue Beiträge über seine wirtschaftlichen Verhältnisse. Schriften des Ver. f. Sozialpolitik, 162. Bd. München und Leipzig, 1921.
109. Hertz F.: Die Produktionsgrundlagen der österr. Industrie vor und nach dem Kriege, insbes. im Vergleiche mit Deutschland. Wien, 1917.
110. Stolper G.: Deutschösterreich als Sozial- und Wirtschaftsproblem. München, 1921.
111. Hudeczek K.: Die Wirtschaftskräfte Österreichs. Wien, 1920.
112. Dunan M.: L'Autriche. Paris, 1921.
113. Statistische Übersichten über den auswärtigen Handel Österreichs im Jahre 1921 nebst einer Übersicht über die Werte der Ein- und Ausfuhr im Jahre 1920. Zusammengest. v. handelsstatist. Dienste des Bundesministeriums für Handel und Gewerbe, Industrie und Bauten.
114. Vorläufige Ergebnisse der außerordentlichen Volkszählung vom 31. Jänner 1920. Bearb. und herausg. von der statist. Zentralkommission. Wien, 1920.
115. Marchet J.: Waldflächen und Holzproduktion von Österreich. Wien, 1919.
116. Heiderich F.: Wirtschaftsgeographische Karten und Abhandlungen zur Wirtschaftskunde der Länder der ehem. österreichisch-ungarischen Monarchie (noch nicht vollständig erschienen).
117. Strakosch S.: Der Selbstmord eines Volkes, Wirtschaft in Österreich. Wien, 1922.
118. Artmann F.: Gedanken über Deutsch-Österreichs neue Wirtschaft. Wien, 1918.
119. Mitteilungen über den österr. Bergbau. 1920, 1921, 1922. Herausg. vom Bundesministerium f. Handel und Gewerbe, Industrie und Bauten.

XI. Österreich und Nachbargebiete.

120. Statistik der Elektrizitätswerke und der elektrischen Bahnen in Österreich, Bosnien und Herzegowina nach dem Stande vom 1. Jänner 1913. Herausg. vom elektrotechn. Verein in Wien, 1913. Nachtrag bis 1. Jänner 1914.
121. Statistik der österreichischen Elektrizitätswerke und der elektrischen Bahnen nach dem Stande vom 1. Jänner 1920. 2. Aufl., 1921. Herausg. vom elektrotechn. Verein in Wien.
122. Redl Th.: Das Jahr 1921 und die Wasserkraftausnützung in Österreich. „Wasserkraft", S. 331, 1922.
123. Jahn R.: Der Wasserkraftausbau in Österreich im Jahre 1922. „Die Wasserwirtschaft", S. 37, 1923.

124. Führer durch die schweiz. Wasserwirtschaft. Herausg. vom schweiz. Wasserwirtschaftsverband. 2 Bde., Zürich, 1921.
125. Jahrbücher des schweiz. Wasserwirtschaftsverbandes. Zürich.
126. Die Wasserkraftwirtschaft in Bayern. Herausg. vom Staatsministerium des Innern, München, 1921.
127. Das Walchenseewerk. Herausg. vom Staatsministerium des Innern. München, 1921.
128. Thoma H.: Die Kraftwerksbauten der mittleren Isar. „Elektro-Journal", S. 5, 1921.
129. Das Innwerk der bayrischen Aluminium A. G. München.
130. Die Alzwerke. „Wasserkraft", München.
131. Hallinger J.: Bayerns Wasserkräfte und Wasserwirtschaft. München. 1918.
132. — Die Großwasserkräfte an der Main—Donau-Wasserstraße in Bayern. München, 1920.

MANZ'SCHE BUCHDRUCKEREI, WIEN. 3010.